小呆说视

U0157496

苏杭(小呆)编著

9 小时 学会 做抖音

电子工业出版社
Publishing House of Electronics Industry
北京·BEIJING

图书在版编目（CIP）数据

9小时学会做抖音 / 苏杭编著. -- 北京 ：电子工业出版社，2021.7
ISBN 978-7-121-41393-3

Ⅰ. ①9··· Ⅱ. ①苏··· Ⅲ. ①视频制作 Ⅳ.①TN948.4

中国版本图书馆CIP数据核字(2021)第124505号

责任编辑：田　蕾
印　　刷：天津千鹤文化传播有限公司
装　　订：天津千鹤文化传播有限公司
出版发行：电子工业出版社
　　　　　北京市海淀区万寿路173信箱　邮编：100036
开　　本：720×1000　1/16　　印张：11.5　　字数：294.4千字
版　　次：2021 年 7 月第 1 版
印　　次：2024 年 3 月第 21 次印刷
定　　价：69.00 元

你即将开始一场
关于抖音的学习体验之旅

V

推荐语

从"H5 时期"就关注了小呆老师，没想到不到一年，他便在短视频领域又建立了一套扎实的方法论。

本书不止带领读者系统化地理解短视频领域，而且表达直白、接地气，还有翔实的图表和数据，兼顾了实操性和理论性，不管是想做短视频的人还是行业观察者，都能从本书中有所收获。而且，从字里行间中读出了小呆老师对短视频领域的热情，这是最感动我的一点。

– 数央网｜大中华区知名数字媒体

抖音是目前这个时代最具影响力的平台，几年的发展迅速构建了新的商业格局，中国的电商企业和电商从业者需要快速的布局抖音电商渠道和营销，重视和关注平台的发展和机会，建立品牌化运营的体系！而《9 小时学会做抖音》这本书，则从定位上就迎合了"快节奏、快享受、快获得"的时代用户心智，也从销量和影响力证明了他的价值，小呆老师作为我们玺承的课程老师，在课程制作和内容能力上有着非常突出的优点，而他在行业的付出，也帮助了更多人成为了优秀的抖音创作者。

– 李进龙｜玺承集团 创始人

没有空洞的理论，基于实战出发，通俗易懂，对于新手小白来书，这本书相当于是他们的福音了。

– 利云｜利云文化 CEO

我与小呆有一个共识：我们所处的时代，是对短视频作者最好的时代。生意的三要素：产品、流量、转化。短视频是唯一一个兼具三要素属性的形式。内容本身就是一种产品，即技能、才艺、知识付费；优质内容在算法驱动之下本身自带流量；内容也是一种销售过程中的说服教育。

今天，掌握基础的短视频运营技能，就如同 20 年前报名参加打字培训班一样有必要。非常高兴有小呆这样的同行，以负责任的态度出版此书，真实记录下这个时代参与者们的实践历程，更满足了入门者的强烈学习需求。这是一份沉甸甸的，5 年内不会过时的操作说明。希望对你有用。

– 条哥｜@ 商业小纸条

短视频教学领域鱼龙混杂，为了博眼球，各种"绝学"层出不穷，小呆老师这本书从目录就能看出，这是一本真正能帮助大家运营账号的实用书。做一件事情哪有那么多绝学，不过是把过程中的每一步都做对，结果自然就是对的。

－ 薛辉｜出发吧红人星球高级 VP

很欣赏小呆老师的教学风格，内容真实严谨，用简练规范的语言，把知识输出给读者，相信大家一定可以得到很大的帮助。

－ 七段｜@ 尬演七段

小呆是我在短视频培训领域遇到的极少数拥有实战能力的培训师之一，他的内容往往都是干货十足，让人收获满满。

－ 光年教练｜短视频教练

新媒体行业在发展和迭代的过程中，愿意踏实做事的人越来越少了。我很敬佩做实事的从业者，在他们的心里面，教会别人和帮助别人才是第一位的。

－ 尹烈豪｜黑峰文化 CEO

当短视频与算法相遇，不刻意引发思考、不刻意制造话题，而是扎扎实实讲干货的老师，真的太少了。小呆，就是这样的一位好老师。他的选择，让我钦佩；他的作品，货真价实！

－ 池骋 ｜巨土文化 CEO/《放大》作者

写一本帮助新手快速入门的书在哪个行业都是需要耗费大量的时间和精力的，向他所做的事情致敬。

－ 陈厂长 ｜工厂 Z 时代

新媒体、短视频和直播到底怎么做？到底怎么学？小呆老师这本书为我们总结了答案和方法，除了书中的内容，还有大量的外链内容，可以帮助读者更加全面地学习相关知识。我刚开始做抖音的时候小呆老师在新媒体、短视频和直播上帮助了我很多，相信大家看了小呆老师的书会产生很多不错的想法。

－ 谢师父 ｜北京少侠派国际双语武道馆创始人

前言

我是如何开始抖音创作的

在 2019 年年末,我游走在各大企业做内部培训,当时能明显感觉到,大家的兴趣点已经从 H5 和微信公众号转向了短视频和直播,我对此也开始有所警惕。

会不会再过一段时间,短视频和直播真的会成为新媒体的内容主流?而一向被我们瞧不上、觉得浮躁而没有营养的抖音内容,难道真的能够替代微信公众号,成为最大的媒体平台?

带着这些疑问,我开始了抖音的研究。你们可能想不到,我安装这款 app 的时间是 2019年 12 月。我接触抖音的时间是非常晚的,而随后过了不到 3 个月的时间,现实的变化让人猝不及防,疫情打乱了所有人的生活,这样的变故反而成就了线上内容平台的崛起,抖音也在这个时期,成了所有新媒体内容平台中最大的流量入口。和大多数人一样,我因为疫情被困在家,所有日常工作被迫停滞,被迫提前开始了自己的抖音内容创作。

我的第1条抖音短视频(2020年2月2日)

我的第13条抖音短视频(2020年2月12日)

我最近的一条短视频(2021年3月27日)

账号的第一条短视频作品和随后的作品

2020 年 2 月 2 日，我发布第一条抖音短视频，而直到 2 月 12 日，更新了 13 条短视频后，才真正获得热门推荐，这条视频为我增长了 1.7 万名粉丝，也是从此刻开始，我成了一名抖音达人。

我为什么要编写这本书

从 2015 年开始我就从事新媒体的教学工作了，虽然之前已拥有超过 5 年的行业培训经验，但从事抖音培训后，还是被这里的行业环境吓到了。抄袭横行、信息差巨大、从业人员素质普遍较低、大量培训人员不具备专业素养、毫无秩序和规则可言，等等，都是我始料未及的。

你完全可以想象，对于一名想要学习抖音新媒体，并且没有辨别能力的新手来说，他将会经历怎样的陷阱？真的是稍不留神，就会掉入各种精心设计的圈套当中。为帮助更多人少走弯路，我在 2020 年 5 月，决定写这本书，来帮助大家更好地学习短视频和直播运营相关的技巧。

线下大会新媒体教学现场

写书对我来说，本是一件驾轻就熟的事情，我在 2017 年就出版了第一本著作《H5+ 移动营销设计宝典》，这也是此类目的第一本专业图书。2019 年，又出版了第二本著作《H5+营销设计手册》，作为入门工具书，方便新手学习 H5。

原本计划，这本书能够在 3 ～ 5 个月内结稿，但实际上，整个撰写过程在 2021 年 2 月份才最终结束。为了能够让大家看到一套更为系统和完整的知识体系，我花费了比预期更多的时间和精力打磨这本书，这本书的内容因为足够基础和广泛，所以不会出现几个月后就会过时的现象。

希望我的付出，能够帮助每一位读者用最少的时间和花费学到最有价值的知识。

本书的内容特征以及作用

这是一本主要讲述抖音账号运营的综合图书。

第 1 章~第 2 章主要讲述的是新媒体行业的相关知识，让读者了解新媒体行业的现状以及未来。

第 3 章~第 6 章以及第 8 章，主要讲述运营账号的各项运营技巧，包括平台规则、账号定位策划方法、文案脚本撰写方法、视频拍摄方法以及数据分析方法等内容

第 7 章则是围绕直播带货，讲解相关的规则、技巧和方法，全面了解何为直播带货，以及其中的重点和难点。

第 9 章是 3 篇行业优秀达人的专访，这里面有我的学生，也有在抖音做得好的个人和团队，通过他们的经历来更加全面地了解抖音这个平台。

2020 年开发的新媒体系列课程

> 我还为大家准备了一部分比较有价值的素材和行业资料，可以通过关注我个人的公众号"小呆说视"来获得。

本书适合什么样的读者

本书的内容全面但并不深奥，主要读者是新媒体初学者，尤其是从事传统线下相关行业的从业者，书中的知识对你会有很大的帮助。

不管是个人还是企业主，都可以通过本书，获得一套创作抖音账号以及运营账号的方法，但只了解方法是做不出成绩的，还需要付诸实践。

要怎样正确看待抖音

虽然新媒体在当下很热门，但我们要能够清楚地认识，作为目前大多数的新媒体平台，它们多数还扮演着流量工具的角色，抖音也不例外，完全可以把它理解为新兴的销售渠道，而渠道自身是不会产生价值的，它需要具体的事物和产品来支持。

在没有产品、没有目的，也没有商业规划的情况下，如果只是为了获得流量而去做抖音，你会越来越被动，就算能够获得流量，这些流量也会很快被浪费掉。

所以，抖音是流量工具，而在做抖音之前，就要想好如何利用这些流量，用这些流量究竟做什么事情？

从事新媒体行业以来的体会

新媒体这个行业，有别于其他任何一个行业，它目前仍然处于剧烈的发展与变化当中。在这里，规则和标准都是随时会被替代和改变的，从业者要具备随机应变的能力，而不是仅依赖经验或者所谓的执行力。

今年是我从事新媒体行业的第 6 年，也是我思想和认知被冲击得最强烈的一年。记得，上次有类似的感受，还是在我 2015 年刚入行的时候。我原本以为，既然底层规则和方法是一致的，那么短视频与图文的创作、运营应该没有太大差别，可当我去实践时，却发现一切都是另一种面貌。

抖音就像一个情绪的放大器，它在放大善意的同时，也在放大各种扑面而来的恶意，这里确实蕴含了更大的机会，但也伴随着各种难以形容的陷阱和套路。

所以，我想给各位读者朋友几个忠告。

（1）千万不要被流量和数据绑架，获得流量不是目的，转化流量才是目的。流量的价值是短期的，它不能代表你真正的能力，也无法让你真正获得什么。对流量要有一定的警觉，别让流量过多地破坏你的情绪。

（2）千万不要利用新媒体去做坏事，在这个规则还不清晰的行业里，很多套路和方法都是可以让人瞬间获利的，有些行为，很多都建立在伤害他人的基础上。虚无的网络看似无形，但其实都是有记忆的，请善待身边的每一个人，每一位粉丝。

（3）抖音最大的价值，在我看来并不是短期变现，而是结识更广阔的人脉和资源，带着这样的思路去做事情，你也许会收获更多，当然，你也要能够识别坏人和好人。

前言就写到这里了，如果还想听我讲更多的内容，可以关注我的抖音号 @ 小呆说视。

最后，希望这本抖音运营工具书，能够让你有所收获，也希望在未来的某一天，我们能够成为现实世界的朋友。

苏杭（小呆）

2021 年 4 月 3 日

目录

1

第 1 章
了解新媒体与
短视频

1.1｜究竟什么才是新媒体和自媒体

1.1.1 什么是新媒体

全行业都在聊新媒体，都在讲新媒体，也都在做新媒体。那么，究竟什么样的内容才算得上是新媒体？这个"新"究竟体现的是什么？关于新媒体，百度给出如下解释。

★ 收藏 👍 1534 ↪ 695

新媒体（媒体形态的一种） 🔒 锁定

📄 本词条由"科普中国"科学百科词条编写与应用工作项目 审核。

新媒体是利用数字技术，通过计算机网络、无线通信网、卫星等渠道，以及计算机、手机、数字电视机等终端，向用户提供信息和服务的传播形态。从空间上来看，"新媒体"特指当下与"传统媒体"相对应的，以数字压缩和无线网络技术为支撑，利用其大容量、实时性和交互性，可以跨越地理界线最终得以实现全球化的媒体。[1]

图 1-1 百度关于新媒体的解释

是不是有点难理解？其实，新媒体可以用一句话解释：通过互联网进行信息展示的媒体形式被称为新媒体。这里的新主要指的是互联网环境下的展示，在当下它特指移动互联网。除计算机和手机外，现在的户外大屏、车载屏幕、电子杂志和数字电视等媒介都可以被称作新媒体。可以说，只要有屏幕和网络存在的地方，就一定会有新媒体内容的存在，仔细想一下是不是真的是这样？

1.1.2 什么是自媒体

在新媒体领域，另一个耳熟能详的名字就是自媒体，那要如何理解自媒体的"自"呢？

关于自媒体，百度给出如下解释。

★ 收藏 👍 1259 ↪

自媒体 🔒 锁定

📄 本词条由"科普中国"科学百科词条编写与应用工作项目 审核。

自媒体是指普通大众通过网络等途径向外发布他们本身的事实和新闻的传播方式。"自媒体"，英文为"We Media"。是普通大众经由数字科技与全球知识体系相连后，一种提供与分享他们本身的事实和新闻的途径。是私人化、平民化、普泛化和自主化的传播者，以现代化、电子化的手段，向不特定的大多数或者特定的单个人传递规范性及非规范性信息的新媒体的总称。[1]

图 1-2 百度关于自媒体的解释

表面上，自媒体指的是个体作为内容制造者，进行内容创造的媒体形式。但自媒体演变至今，已经不能简单粗暴地用这种描述来解读了，它更像一种自我的发声行为。也就是说，发声者不管是个人、群体，还是某个具体的组织，只要他创造的内容是独立观点，是自我意识的一种传达，那么，它就可以被称作自媒体。

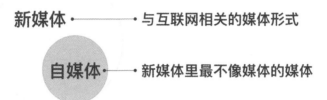

图 1-3 自媒体与新媒体的特征对比

自媒体与传统媒体的观察者和传播者的形象不同，权威、官方性的描述方式，在自媒体中是很少被看到的，自媒体的内容描述方式，更像普通朋友之间的聊天，更加接地气。

表 1-1 新媒体短视频必须掌握的概念词汇合集 1

概念词汇	解 释
账号搭建	在输出内容前，要对账号进行一个基础的建设，比如设置账号名称、头像、简介等
账号矩阵	"一个人"在多平台有多账号或者"一个人"在同平台运营多账号等，形成一个类似矩阵的运营系统
垂直度	指制作的内容围绕一个特定领域或者方向
打开率	内容发布后，指内容被打开的比例，如果是100个人浏览，但只有5个人点开，打开率就是5%
转化率	真正产生购买或者其他行为的用户数量占曝光量或打开率的比例
完播率	通常指视频播放完的比例
智能推荐算法	目前大多数视频类自媒体平台所采用的内容推荐机制
垂直领域	只专注某一个行业的一部分，粉丝属性限定为某类特定的群体
网感	由互联网社交习惯建立起来的思维方式，体现在捕捉热点、引发共鸣、发现趋势等方面的能力
曝光量	内容通过推荐或者分发被用户浏览的数量
痛点	尚未被满足而又被广泛渴望的需求
洗稿	对他人原创内容进行篡改、删减和再加工，然后进行发布，其行为与抄袭没有差别
种草	推荐某个品牌或甲方的相关产品，从而让用户购买
变现	相当于赚到了钱
标题党	标题过于夸张，并且时常与描述内容不相符

表 1-2　新媒体短视频必须掌握的概念词汇合集 2

概念词汇	解　释
粉丝画像	一个帐号粉丝的相关数据，比如年龄、性别、地域、喜好、习惯等
粉丝经济	粉丝和被关注者之间的经营性创收行为
粉丝黏性	粉丝对某账号的关注度、互动率、付费值等
直播带货	直播时，主播售卖相关产品的一种行为
头部效应	部分产品、品牌或者个人，占据了整个市场的绝大部分市场份额
长尾效应	通常指大量增长结束之后，还在长时间持续缓慢而有规律地增长
白名单	原创作者或者平台向其他人开放的特殊权利，白名单用户将会享受一定特权
二次传播	通常指内容曝光量的叠加，在首次发布内容后，因转发量巨大，从而形成第二次大规模曝光
精准分发	利用大数据算法与人工智能技术，精准地将某些信息分发给相关的人群
刷屏	内容得到广泛传播，在同一时间出现了大量转发，占满了屏幕的现象

表 1-3　新媒体短视频必须掌握的概念词汇合集 3

概念词汇	解　释
vlog	影像博客的一种，全称是video blog，以影像代替文字或照片
KOL	行业关键意见领袖，一般指有较大粉丝量的专业领域的从业者
KOC	关键意见消费者，一般指有一定粉丝量的普通分享者，只能影响非常有限的范围
UGC	普通用户，自己生成与制作内容
PGC	专业领域用户或者团队，生产制作内容
PUGC	普通用户生产内容或专业用户生产内容，是将UGC与PGC相结合的生产模式
MCN	直意为多通道网络（针对的是PGC人群）模式，源于国外成熟的网红经济运作
DAU	每日活跃的用户数量，全称 Daily Active Users
MAU	每月活跃的用户数量，全称Monthly Active Users
PV	Page View，即页面浏览量或点击量。反映的是某网站的浏览次数，每刷新一次就记作一个PV
UV	Unique Visitor Du，即独立访客数量。按照访问页面的设备量计算，而不是页面浏览次数
CTR	指点击率，有多少用户看到题目后点击了该内容

1.2│移动新媒体与传统媒体的区别

我们以当下主流移动新媒体为例，它与传统媒体最大的区别体现在信息的接收方式上，下面通过 4 个维度来分析两者的差异。

1.2.1 呈现尺寸差异

目前，主流手机的显示屏幕已经达到了5.5～6.5英寸，而且在未来也不可能发生太大变化，再大会非常不方便携带。传统媒体常采用 A4 纸，大约为 12 英寸，这个尺寸几乎是目前最大手机屏幕的 1 倍，至于电视、计算机显示器的尺寸则更大。由此可见，除笔记本电脑外，移动新媒体的内容展示空间是最小的。

图 1-4 呈现尺寸差异对比

1.2.2 阅读方式差异

用手机阅读的主要方式是瀑布流式阅读，观看信息基本是一扫而过，停留的时间极短。而纸张和大屏幕阅读的方式是 Z 字形扫视阅读，阅读停留时间较长，观看信息时注意力更集中。因此，移动新媒体的内容阅读方式要比传统媒体更加简单。

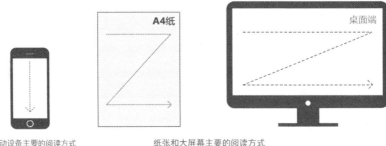

图 1-5 阅读方式差异对比

1.2.3 环境差异

使用手机查看信息时,随机性极强。你在使用手机时,可能同时还在坐火车、听音乐或者和别人聊天。时间、空间非常不固定,因此注意力较差。而在看电视、报纸或使用计算机时则完全不同,场景、时间非常固定,注意力比较集中。因此我们会发现,在阅读和观看移动端新媒体信息的人,注意力较差。

图 1-6 环境差异对比

1.2.4 信息获取方式差异

在移动新媒体端,看上去好像是你在选择信息,但其实是信息在选择你,每天都有看不完的消息和推送,接收的信息量巨大。在传统媒体端,信息是不会主动来找你的,想要获得信息需要购买报纸、打开电视或通过计算机的搜索工具去寻找信息。因此,在移动新媒体端人们对信息的需求感要远远弱于传统媒体端，用户甚至不想观看他收到的信息。

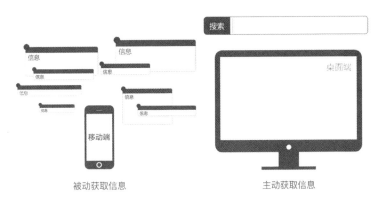

图 1-7 信息获取方式差异对比

阅读尺寸最小、阅读方式最简单、注意力最差和对信息需求感最低，这是移动新媒体的特点。与传统媒体相比，信息从高度集中化，逐渐演变成高度碎片化，而人们对信息的获取需求，也从高需求演变成了低需求，并呈现出注意力差、无耐心的状态。

图 1-8 4 个差异的总结

这与我们的受教育程度和学习能力没有必然联系，完全是由移动端场景的特征决定的。面对这样的场景特征，不管是博士还是普通的小学生，都会在观看新媒体内容时，产生疲惫感和一定的排斥，甚至有时完全无法进行正常的阅读。那么，面对如此碎片化场景的新媒体端，应该怎样制作内容呢？

1.3 | 短视频优于图文、H5 和长视频

截至 2021 年，在移动端主流新媒体内容的展现方式被分为三大类：图文、H5 和视频。

1.3.1 新媒体内容的迭代历程

图文又被划分为：长图文和短图文。

长图文：主要指微信公众号、知乎、今日头条等平台中的图文内容。短图文：主要指微信朋友圈和微博中的图文内容，通常在 100 ~ 300 字之间。

图 1-9 自媒体主流平台

图文类是新媒体内容中制作成本最低的信息内容。在 2013—2017 年期间，图文类内容曾风靡全网。在当时，微信公众号几乎成了新媒体的代名词，而"双微"（微信和微博）运营，也和新媒体运营画上了等号。

随着网络带宽速度逐步提升，当视频内容可以在无线网络流畅观看后，视频和 H5 开始取代图文在新媒体内容领域的前排位置。视频的好处在于可以承载更大的信息量，同时，内容形式比图文更直接、更丰富。

而 H5 不仅能够包含图文和视频的所有功能，还能够让图片、文字、动画和视频之间产生奇妙的交互体验。

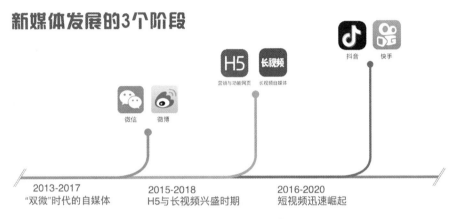

图 1-10 新媒体发展的 3 个阶段

用户通过点击手机屏幕，可以直接参与内容的互动体验，H5 能够为观看者带来更加丰富的视听体验。

> 如果对 H5 感兴趣，可以参看小呆之前出版的两本著作《H5+ 移动营销设计宝典》和《H5+营销设计手册》

但在 2017 —2019 年期间，移动新媒体端的环境发生了巨大变化。每个人使用的手机，在不知不觉间开始变得臃肿，因为下载的 app 越来越多，关注的公众号也越来越多，所以收到的订阅信息也变得越来越多。面对大量的优质内容，用户阅读信息的耐心变得越来越差。这就造成了内容形式越复杂，观看时间越长，则越不受用户欢迎的现象。

在新媒体内容争抢用户时间的过程中，长视频和 H5 因观看时间太长和形式太过复杂等原因，使得用户越来越不愿意打开和浏览。

1.3.2 为什么短视频更显优势

在 2019—2020 年期间，一种曾经不被看好的内容形式逐渐体现出了优势——短视频，以下则是我总结的抖音短视频的优势。

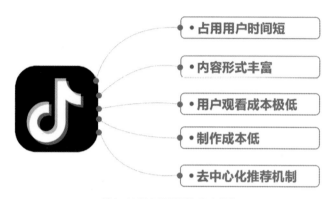

- 占用用户时间短
- 内容形式丰富
- 用户观看成本极低
- 制作成本低
- 去中心化推荐机制

图 1-11 抖音短视频的 5 大优势

（1）观看时长：短视频因为长度普遍在 1 分钟左右，所以占用用户时间短。

（2）内容形式：短视频因为以视频为载体，内容形式更为丰富，所以体验优于图文。

（3）观看成本：短视频因为本身是视频形式，所以不需要任何操作和点击，相比 H5 观看成本更低。

（4）制作成本：因为短视频制作难度较低，所以制作成本很低。

（5）推荐方式：短视频普遍采用人工智能算法推荐，这就帮助用户节约了选择内容的时间，相比中心化算法，短视频的推荐更为高效。

之前我们都认为好的内容形式一定是精致的、复杂和可交互性强的。而随着新媒体的发展和演变，实际情况与我们的想法截然不同。如今，新媒体的好内容标准，已经变成了短小、简单、强反差和接地气。因为，只有符合以上标准的内容，才会更易于在互联网传播。因为这样的标准特征和短视频的盛行，所以成就了像抖音和快手这样的内容平台，并让它们成为2021 年的行业风向标。

就目前来看，短视频是最具发展潜力的新媒体内容形式。如果你是要转型的新媒体领域的相关从业者，应该优先考虑的是学习制作短视频。

1.4 | 短视频真的适合我吗

具体到个人和团体，短视频的价值和意义究竟是什么？

图 1-12 适合做新媒体的人群

如果是有专属服务能力的个人或团体，例如设计师、摄影师和化妆师等从业者，完全可以借助短视频来展现专业能力，以此获得更多客户资源，完成更多项目转化。

如果是教育从业者，那么，教学内容将会通过短视频获得更大曝光，将会帮助更多的学生。同时，也能通过短视频招募到更多学员。

如果是产品供货商，从现在开始，你要关注短视频了，它的流量可以为你带来更多销售渠道。通过短视频，可以把水果、服装或电器等商品卖给更多需要的客户。

如果是线下实体店店主，制作短视频能够为你带来更多客源，将更多顾客直接引流至线下门店，从而提高营业额。

专职从业者、教育从业者、产品供货商和实体店主，非常适合通过短视频获得更多财富。当然，如果不是上述人群，那么只要拥有一技之长，同样能通过短视频获得更多机会和财富。认真读完本书，你一定会知道下一步自己究竟要做什么。

既然短视频能够为我们带来这么多机会和好处，究竟要怎么学习呢？

下一章我将会讲解短视频的相关基础知识。

第 2 章
重新认识短视频

2.1| 短视频主流产品都有哪些

2.1.1 2018-2021 年短视频行业变化

2018 年国内互联网市场上还活跃着形形色色的短视频类产品，可谓盛况空前。上百款短视频产品，谁都不想在这条赛道上输给对手。

图 2-1 2018 年短视频行业格局

但 3 年后，大家没有料到真正杀出重围的只有抖音、快手和 B 站（哔哩哔哩的简称）。

当然，还有在 2020 年上线的微信视频号，但就微信产品形式来看，视频号是不可能独立成为一款产品的，它只能起到在微信内填补公众号、朋友圈视频内容缺失的作用。

短视频自媒体 – 目前三大产品

抖音　　　　　快手　　　　哔哩哔哩

微信 – 2020年入局短视频

微信-视频号

Vlog 胜利依旧还在

VUE

图 2-2 目前短视频的行业格局

如果用一句话来总结三大产品的特征：抖音是迪厅，快手是庙会，而 B 站是嘉年华。

抖音是迪厅　　　　　快手是庙会　　　　　B站是嘉年华

图 2-3 三大短视频平台的特征

2.1.2 抖音

抖音是其中最重视音乐的短视频产品，从 2016 年 9 月上线一直到 2021 年，用户规模已突破 6 亿。目前，该产品已成为行业第一大用户聚集地，而在大多数人的认知中抖音就等于短视频，可见其影响力的巨大。

在早期，抖音的主要用户集中在一线、二线城市，产品主打潮流和炫酷的观看体验，而随着用户数量的扩大，现在抖音用户已逐步下沉，更多覆盖三线、四线城市。

图 2-4 来自百度的指数分析

品牌定位从最早的"让崇拜从这里开始"变为"记录美好生活"，直到 2020 年又变为"来抖音发现更多有趣创作者"。

2.1.3 快手

快手历经 10 年的坎坷发展，从最早的 GIF 动图制作工具成为如今的短视频平台。直到 2021 年，平台用户规模突破了 4 亿，用户规模仅次于抖音。和抖音不同，快手用户更下沉，主要用户群体集中在三线、四线城市，平台上的视频作品也更加接地气。产品更像贴吧和短视频的结合体，非常注重用户与视频的参与互动性。

图 2-5 来自第三方大数据分析 1

2.1.4　B 站

B 站的资历则更老，网站创立于 2009 年 6 月，早期是一个 ACG 文化内容聚集地，而随着平台发展，直到 2021 年用户规模已突破 1.21 亿。总体来说，B 站视频类型还是以长视频为主，但主要流量入口已经是移动端 app。就目前 B 站的用户规模来说，它已经不可避免地和抖音与快手形成了竞争关系。

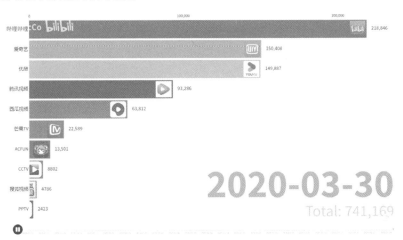

图 2-6 来自第三方大数据分析 2

B 站最大的用户体验特征就是视频中的弹幕文化。该平台用户主要群体以"95 后"和"00 后"为主，而用户对平台的忠诚度非常高。

	抖音短视频	快手	哔哩哔哩
月活跃用户数（万）	51,813	44,343	12,158
同比增长率	14.7%	35.4%	32.0%
活跃率	57.2%	48.3%	26.4%
月人均使用时间（分钟）	1,709	1,205	978
同比增长率	72.5%	64.7%	41.5%
活跃用户7日留存率	86.8%	83.0%	72.8%
卸载率	7.2%	9.8%	9.1%
流量中心化程度	高	一般	较高
粉丝与内容连接程度	较高	较高	较高

图 2-7 来自 QuestMobile 的数据报告

三大产品可以说各有优势，而本书主要讲解的是抖音短视频和直播的制作与运营技巧。如果要进入短视频和直播领域，抖音则是最值得学习的平台，不仅因为它用户覆盖面最大，更因为它是目前变现路径最多的平台。

2.2 | 运营账号要经历哪些阶段

2.2.1　运营账号最重要的 4 个阶段

既然要做短视频类内容，是直接进行作品拍摄，还是需要做计划？这些问题，对于新手来说非常模糊，如果没有清晰的思路和规划，一定会踩无数的大坑。

我们需要先了解 4 个阶段并依次进行：账号策划→商业定位→作品制作→直播转化。

（1）账号策划：账号策划部分会涉及商业定位、赛道选择、人设搭建和内容风格 4 个要素。要采用什么人设、什么表现形式、什么拍摄方式，这些问题都需要在策划阶段确定。

（2）商业定位：在创作作品之前需要先考虑清楚商业定位。抖音的商业转化分为 5 个大类：电商带货、广告推广、项目转化、知识服务和直播变现，这些变现方法会在随后的章节中进行系统讲述。

（3）作品制作：账号策划和商业定位完成后，就需要进行具体的作品制作，要经历 5 个步骤：选题策划→撰写脚本→进行拍摄→后期制作→上线投放，这 5 个步骤几乎涵盖了所有类型的短视频制作。

（4）直播转化：只通过短视频进行转化和展示是不够的，还需要通过直播的方式来增加互动和转化，而直播又会涉及"人、货、场"的概念。以上所有知识点都会在本书随后的章节中进行深入讲解和分析。

2.2.2　短视频账号会经历的 3 个阶段

大多数人其实并不了解做短视频账号的心路历程，而这对新手来说又是非常必要的知识。最终是不是能制作出爆款作品，在很大程度上并不取决于我们的能力，而取决于我们对制作过程的了解程度。

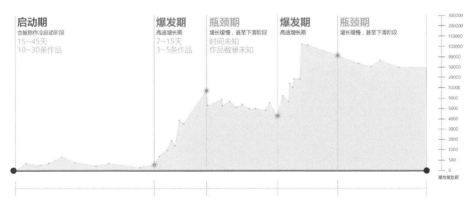

图 2-8 账号运营会经历的 3 个阶段

启动期

在开始制作之前，我们信心满满、斗志昂扬，进行了大量学习，做了充足的准备，对这次尝试也充满了期待。但真正开始创作作品后，忽然发现作品播放量只有 200，甚至有的作品播放量是 0，然后很多人会开始焦虑，不知所措，甚至想直接放弃！其实，这样的反馈很正常，这个阶段也被称为冷启动阶段，也是整个账号运营过程中最难的一个阶段。

在启动期要正确认识自己的位置，平台有着大量优秀的创作者，你是在和他们争抢流量。如果你的文案、拍摄、制作和选题不够好，那么你的作品就肯定不会获得推荐，并不是平台在限制你的流量，而是因为你的作品质量需要提升。冷启动阶段所有努力的目的就是获得第一个作品推荐机会，一旦获得作品热门推荐，账号也就顺利渡过了冷启动阶段。在这个阶段，你可能会焦虑甚至失眠，这一切都很正常。要给予自己足够的时间和耐心，80% 的人会在冷启动阶段放弃，但坚持下来的人会获得意想不到的收获！

爆发期

一旦获得作品热门推荐，粉丝量和播放量将呈指数级增长，很可能在一天内就能直接获得上万粉丝。而且，也会因此获得作品如何上热门的制作经验，从而更懂得用户喜好。爆发期是让人幸福的时刻，看着流量和粉丝的增长，很可能会兴奋得睡不着觉。但幸福时刻往往是短暂的，一般来说，作品上热门的周期为 3 ~ 7 天，而且连续登上热门推荐也不太可能。当热门推荐结束后，会进入下一个阶段。

瓶颈期

当第一轮热门推荐结束后，虽然账号的粉丝量和播放量已经上升到了新的高度，但流量增长会陷入瓶颈期，甚至可能还会遭遇掉粉和播放量下降的情况。很多人在这个阶段会开始产生焦虑，不知道下一步要怎么继续制作作品。但这是正常现象，当我们面对更大的用户群体时，用户对观看作品的要求自然变高了。同时，平台对作品创作者的要求也相应变高了。如果想获得更大流量的推荐，必须要能够制作出比以往质量更高的作品。此时需要放平心态，不断学习新知识和新技巧。一定要清晰地认识到，抖音内容创作者的粉丝增长方式，一定是指数级增长。很可能，我们制作的二三十条作品的总数据，都不如一条上了热门推荐的作品的数据好。运营账号的核心是获得平台热门推荐。在这 3 个阶段中，阶段 2 和阶段 3，将会不断地往复。

因此，想做好账号，一定要想明白以下这几点。

（1）账号运营是持久战，切莫过度关注短期效果，长久运营才能获得更大收益。

（2）没有耐心和毅力的创作者，很难做好短视频和新媒体。

（3）一定要去学习相应的运营知识和制作技巧，要多跟有经验的老师学习，不然会走很多弯路。

很幸运，你在众多图书中发现了本书。希望在本书随后的章节中，能够让你收获更多技巧和方法。

下一章，我将讲解短视频平台的相关重点规则，只有了解了规则才能少踩坑。

3

第 3 章
了解平台规则
是制胜的关键

>

3.1 | 抖音的核心算法规则

3.1.1 抖音的核心算法思维

提到字节跳动这家公司，从业者们往往喜欢把它形容为 AI 公司。言外之意，这家公司的核心竞争力是算法技术，这项技术让抖音具备了很强的行业优势。

提到内容算法推荐机制，在新媒体内容领域，主要分为两类：中心化算法推荐与去中心化算法推荐。这样概括描述是为了方便读者理解，真正的算法推荐模型其实非常复杂。

图 3-1 算法推荐机制的两大类别

3.1.2 中心化推荐

在 PC 时代，内容推荐机制主要以中心化推荐为主，特征是将分散的信息聚集在一个中心化平台，信息高度集中在一个站点，通过首页推荐的方式进行内容展示。

用户看到的信息，不是自己选择的，而是平台推荐的，即便是通过搜索进行信息查找，这些信息也是平台筛选给用户的。例如百度、谷歌、淘宝和京东等平台，都是以中心化推荐为主的互联网产品。中心化推荐的好处是内容质量普遍较高，但不足之处在于，用户能够获得的信息量非常有限，而且需要通过大量搜索和查找，才能获得需要的内容。

同时，中心化推荐也意味着平台掌握着流量分配的权利，平台权限较高，表现强势，用户和内容创作者相对弱小。

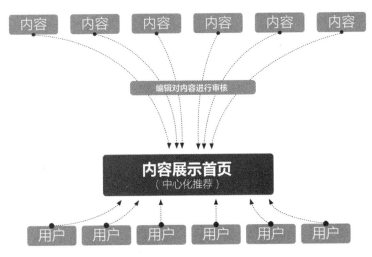

图 3-2　中心化推荐机制

3.1.3　去中心化推荐

去中心化推荐，就是要弱化信息高度集中在一个站点的情况。尽量让不同用户可以快捷地看到想要获得的信息，让用户直接过滤掉不需要的内容，从而带来更好的用户体验。同时，提升平台内容创作者的权限，以关注、订阅等方式让创作者们可以获得粉丝，从而激励创作者创作更多的优质内容。

去中心化推荐，最具代表性的平台是微信公众号。在微信公众号中，你看到的内容全部是自己关注的，没有统一的推荐首页，也没有集中展示页面和站点，每个人关注的公众号都是各不相同的。当然，抖音也属于去中心化推荐，但不同的是，微信公众号是建立在社交关系链上的去中心化，而抖音则是建立在算法推荐机制上的去中心化。

在去中心化平台内容生产者和用户的权利会被放大，平台的权利会被弱化。这也就解释了，为什么一提起淘宝、百度这些平台，我们首先想到的是产品创始人，而提到微信公众号、抖音这些平台，首先想到的是平台创作者，而不是产品创始人。

特别要注意，虽然说抖音属于去中心化平台，但它的中心化属性却更强。

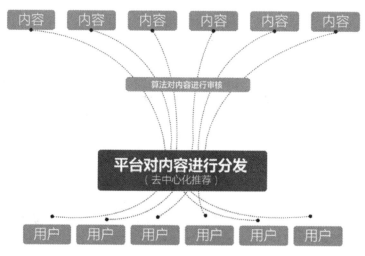

图 3-3 去中心化推荐机制

表 3-1 四大推荐机制的特征

推荐机制	代表平台	优势	不足
中心化推荐	资讯类的门户网站	人工精选内容 质量有保证	分发效率低、 日均分发内容有限
去中心化推荐	各大移动与PC内容网站	有针对性，个性化 内容分发效率极高	推送人群不精准 充满大量无用信息
社交关系 去中心化推荐	各种公众号内容平台	有针对性，个性化 内容分发效率极高，更精准	内容信息密度太高 同样充满大量无用信息
算法 去中心化推荐	主流短视频内容平台	有针对性，个性化 内容分发效率极高，更精准 信息密度可以控制	需要大量数据样本

抖音在首页内容推荐机制上，虽然也是千人千面，但平台会更侧重于推荐列表优先推荐，而不是关注列表优先推荐，这就会让用户把注意力更多地放在推荐内容上。这是和公众号最大的不同，虽然关注了很多创作者，但可能会忘记关注列表的存在，也就忘记了这些创作者。

为什么说抖音粉丝忠诚度低，作品流量不稳定，长久不更新会没人看，现在应该知道原因了吧。因为，平台会优先引导我们看推荐页内容，而不是关注页内容。

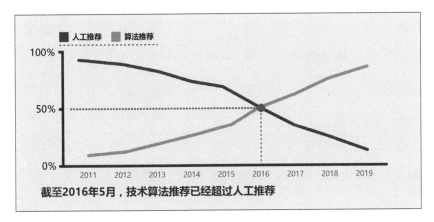

图 3-4 算法推荐的演变

这也许是抖音平台可以快速积累用户量，成为短视频行业巨头的原因。产品同时兼备了中心化与去中心化内容推荐双重优势，而能够实现这一切的核心是内容算法推荐机制。

有时最懂你的不是你自己，而是算法。

抖音就验证了这句话。那么，抖音的作品算法推荐机制究竟是什么样的？

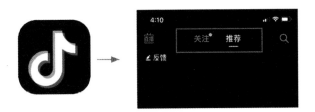

图 3-5 抖音首页的推荐按钮布局

3.1.4 抖音作品的推荐机制

对新手来说，做抖音运营就像看无字天书，没有任何头绪也无从下手。通过了解抖音的作品推荐机制，我们可以更好地掌握运营技巧，图 3-6 非常明确地描述了整个作品的推荐过程。

简单来说，首先是上传作品，当上传成功后，作品会进入审核通道。一般来说，作品会优先进入机器审核，但有时作品会直接触发人工审核，我们判断作品是否触发人工审核的方法是

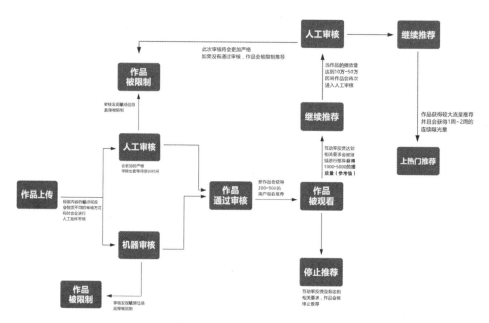

图 3-6 抖音算法推荐机制示意图

查看作品被审核时长。如果等待时间较长（通常超过 5 分钟），或者在作品播放量处出现审核中字样，就是作品触发了人工审核。如果审核通过作品的播放量会开始增长，如果审核不通过，作品播放量会直接为 0，遇到这种情况，需要在抖音官方网站查看作品后台数据来进行判断。如果显示不适宜公开字样，这就是未通过审核。但有时播放量为 0 时，也会无任何提示，这通常也是未通过审核。

审核通过后，平台会为新作品配送 200 ~ 500 的播放量，相当于推荐给同等数量的用户进行观看，这是第一个流量池。这些被推荐的视频用户对作品会有反馈，反馈的主要依据是 4 个可量化的参数：完播率、点赞率、评论率和分享率。

图 3-7 不适宜公开内容

如果作品数据表现较好，作品会进入下一个更大的流量池；如果数据反馈较差，作品将不再被推荐或者只能获得少量推荐。如果作品被再次推荐，会继续获得更大流量，例如1000 ~ 5000的播放量（预估播放量）。如果作品表现依然较好，则会继续被推荐，以此类推，直到上热门，甚至达到千万级播放量。

这里要注意，当作品播放量介于 10 万 ~50 万时，作品将会进入人工审核阶段，也就是我们俗称的二次审核。大部分作品，其实是没有被平台审核员看过的，创作者大都是在和机器打交道，而能进入二审阶段，也说明了作品数据表现较好，需要进行人工审核。二审阶段将会更加严格，很多作品即使具备爆款潜质，但因为作品内容问题，也会无法通过审核。这也就解释了为什么有些作品明明数据反馈很好，但突然就没流量了。

不过，这种情况往往是播放量已达到 10 万以上的大流量作品才会遇到的。

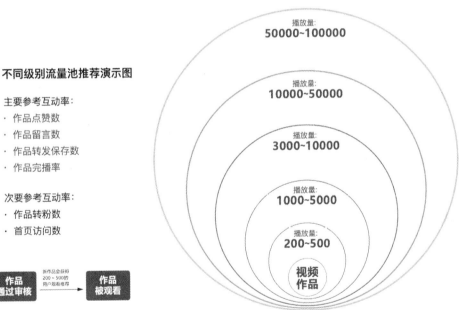

图 3-8 抖音流量池推荐演示图

这是一种赛马机制的算法推荐，只有内容足够优秀，才能在这样的模式下获得更多流量。反之，质量不够好的作品就不会有流量推荐。这种推荐机制，能够激励创作者制作更符合平台用户喜好的作品。

而抖音账号的所有运营技巧，也基于这套推荐算法。以上讲述的推荐算法机制，为了方便读者理解进行了简化和概括，真正的推荐机制要复杂得多，但基本原理相同。

3.2 | 账号运营的关键规则

3.2.1 正确理解"养号"的概念

"养号"的概念由来已久，自从有微信号以来就有养号一说，而抖音账号究竟需不需要养？我们来看看养号的两大主流方法。

技术流养号要点

（1）一机一卡一号：一张手机卡、一部手机、一个电话号码，三者要一致。

   同时，不要频繁登录多个抖音号。

（2）每天刷抖音作品要持续 1~2 小时，同时对刷到的作品进行转发、评论和点赞等操作。

   要像一个"正常人"一样进行操作。

（3）每天至少观看半小时与你账号同领域的内容视频，同时，要多进行评论和点赞等操作。

（4）每天观看直播的时间要至少半小时，同时，要适当刷礼物，培养活跃度。

（5）手机不能一直放在一个地方，要经常更换位置，这样能够让手机的定位信息比较多样。

   要像一个真人一样，有很多移动数据。

（6）尽量不要使用 WIFI 观看和上传作品，要使用 4G 流量观看和上传作品。

（7）不要让其他人搜索自己的抖音账号，保持账号隐身状态。

（8）以上步骤重复操作 3~7 天，就可以正常发布视频了，重复 7 天就代表养号结束。

以上操作的总原则是：模拟真人的使用习惯，越像真人越好。

社群养号要点

（1）加入养号社群，看养号直播，参与养号互关。

（2）每天花费大量时间为别人发私信、留言，求互关来增加粉丝。

（3）每天定期发布参与养号的作品，号召更多人来参与养号。

（4）去其他主播的直播间和社群，求关注和点赞。

（5）以上 4 步每天重复，以此来增加粉丝量。

以上操作的总原则是：拉的人越多越好，要最大限度地进行互粉互赞。

图 3-9 互关互赞的留言

个人账号是不需要养号的，通常我们只会做一个抖音号，完全不需要特意模拟真人使用习惯，我们本来就不是假人，为什么要把自己当成假人，然后去模拟真人呢？平台是能识别出真假用户的。

而互粉互赞也是没有任何意义的，除能单纯增加粉丝数量外，没有任何作用。互粉来的粉丝，不是因为真实需要而关注的你，这样的互关就相当于是"刷水"。

养号大军直播间

通过互关养出的账号
关注人数会非常的惊人

官方关于养号无用的攻略

图 3-10 抖音养号的账号特征

所以，对于普通的创作者，养号的价值很有限，但对于新账号来说，确实需要多观看视频和多参与视频互动，这不是养号而是积累素材和学习拍摄方法与技巧的过程。

3.2.2 正确获得标签的方法

标签并不真正存在，它是抖音算法推荐功能的一个概括词，在本书的知识体系中，我把标签分为喜好标签与内容标签。

喜好标签：决定平台推荐什么视频给用户

获得喜好标签并不难，在观看视频时，只要多去刷视频和多参与视频互动，就可快速获得。平台会记录下每个账号对不同视频产生的互动参数（点赞、评论、分享、完播率等），并以此为依据，为用户推荐视频。

如果经常给美食类视频点赞，那么抖音就会推荐更多美食类视频给用户观看。通常一个全新账号，只要连续刷半小时同领域视频，并且积极参与互动，就能获得这个领域的喜好标签。

图 3-11 PC 后台标签设置命令

内容标签：决定创作者的视频作品会推荐给谁观看

内容标签的获得有一定难度。简单来说，每个账号都是一个数据样本库，只有数据样本数达到一定数量时，系统才能判定出该账号的视频内容是什么类型，从而将账号内容推荐给相应的人群。例如，账号是美食类内容，在创作作品时，就需要在账号信息的方方面面体现美食特征，如账号的名称和简介、作品的标题和作品内容信息都要涉及与美食相关的关键词。同时，需要多添加"#"话题与"@"相关领域的达人，并且需要累积一定的互动量，如点赞、评论、分享、完播率和粉丝数等。当这些带有类似喜好标签的用户对账号关注和互动达到一定数量后，就会形成内容标签。

形成内容标签需要的数据量无法量化，以经验判断，通常当粉丝数量达到 3000 ~ 10000 时，账号就会获得内容标签，但这并不是绝对标准。所以，内容标签无法快速获得，创作者不用太在意账号是不是拥有内容标签，只要发布的视频作品都是同领域的，当粉丝量达到一定数量时，就会获得精准用户推荐，不用过多考虑内容标签是否存在。

3.2.3 作品更新时间与发布技巧

视频作品什么时间发布最合适？在互联网上有很多教程会教大家如何正确发布视频作品。

早上:7-9点　　中午:12-13点　　下午:16-18点　　晚上:21-22点

图 3-12 作品上传时间

上图中的 4 个时间段是平台用户最集中的时段，被认为是最适合上传视频作品的时段。看上去很有道理，但其实是错误的。抖音作品的审核和推流，通常需要经历漫长的过程，时间长的会持续几小时到几天。创作者根据这 4 个时段，机械地更新视频作品是没有意义的，真正需要注意的作品发布技巧是以下 4 点。

选择固定时间发布作品

在固定的时间发布作品可以培养用户观看习惯，刷抖音的用户，往往观看视频的时间比较固定，这会让作品有稳定关注。

错开高峰期发布作品

晚上 19:00—23:00 是作品上传高峰期，很多有经验的创作者会选择避开这个时段。

根据热点事件发布作品

如果新作品是热点类内容，就不需要考虑发布时间，越早发布越好。

根据直播计划，发布作品

如果创作者有直播计划，视频作品更新时间最好安排在直播前 1 ~ 2 小时发布，这样可以为直播间引导流量。

关于作品更新频率，给新手创作者的建议是一天或者两天更新一条视频，如果创作能力较强，一天内可更新 2 ~ 3 条视频。个别优质内容账号会选择一周更新一次内容，具体几天更新一次作品，要根据账号具体情况来定。

3.2.4　账号权重真的存在吗

有个特别的现象，同样一条视频作品，A 账号发出最终播放量是 500，但 B 账号发出最终播放量却高达 10 万，这是为什么呢？是因为两个账号权重不同，权重是真实存在的。

简单来说，权重就是账号中视频作品更新时可获得的基础播放量，而账号的基础推荐越高，作品就拥有更大的概率获得热门推荐。基础权重：政务机构账号 > 企业机构账号 > MCN 机构账号 > 个人账号，普通账号的初始权重是最低的。

政府机构账号>企业机构账号>MCN机构账号>个人账号

基础权重最低

图 3-13 不同类型账号的基础权重级别

想要拥有更高权重，账号资料要尽量完善，例如头像、描述、个人认证、实名认证和账号绑定等。这些资料的完善，有助于增加权重，但想快速增加权重，还要靠作品，也就是提高作品被推荐的概率。

创作的重点还是要放在如何打造热门作品上。抖音里流传这样一句话：降权重容易，加权重难。以下三点是所有创作者要特别注意的。

（1）作品违规账号会直接被降权。如果有作品违规，并且收到与作品相关的系统通知，则账号会被降权。

（2）作品更新频率太低，账号也会被降权，我测试的结果是一周以上，平时断更 2 ~ 3 天，不会出现明显降权现象。

（3）作品质量和热度下降也会影响账号的权重。

　　总体来说，账号的权重很重要，但更重要的还是作品的质量。

3.2.5　账号运营的雷区有哪些

新手发布作品因播放量较低会怀疑账号被平台限流，会猜想是不是因为对资料和名称进行了改动，从而造成账号限流。其实并非如此，账号的一切常规操作，都不会有限流情况。

一般来说，以下 5 种操作会影响账号流量

（1）大量删除、隐藏作品，大量删除作品会造成账号数据丢失，影响播放量。

（2）视频内容违规，盗用和搬运他人作品会得到平台相应的处罚，会被限流。

（3）视频标题违规，太过夸张和不具备真实性的描述会被限制。

（4）内容营销属性太强，作品内容包含广告信息会被限流。

（5）在站外刷过粉丝、评价和播放量，在站外购买资源，同样会被限流。

> 想要更好地规避雷区，还需要熟悉官方内容创作规范，因篇幅有限在此不展开讲解。要了解更完整的平台规则，请关注公众号"小呆说视"并回复"抖音规则"。

3.3 | 抖音账号体系详解

3.3.1　蓝 V、黄 V 和普通账号的区别

蓝 V

蓝 V 是企业账号认证的特殊标志，是抖音平台针对企业的一种资质认证，只开放给商家。如果你有营业执照，可以在抖音官网进行申请，蓝 V 账号享有普通账号不具备的很多特权。获得蓝 V 认证的账号，账号权重更高，而账号首页也会出现蓝 V 标记，是专业性的象征。

　　　　蓝V账号　　　　　　　　　　黄V账号　　　　　　　　　普通账号

图 3-14 抖音的 3 大类型账号

黄 V

黄 V 是专门为领域达人、名人设置的，达到相应要求后，可进行申请。就目前来说（2021年），获得黄 V 的门槛是 1 万粉丝量 + 实名认证 + 大于 1 条非隐藏作品 + 相关领域专业能力资料。获得黄 V 认证后，账号权重会更高，而账号首页也会出现黄 V 标记，是一种身份的象征。

普通账号

普通账号通过手机号就可以申请，是大多数人使用的账号。以作品推荐权重来说，并不是带 V 标的账号就一定有更好的流量加权。账号作品热度的高低，还是取决于视频作品的质量。

3.3.2 为什么说大众对蓝 V 账号的认知存在误区

蓝 V 账号相比黄 V 账号和普通账号，有非常大的功能优势。在这些优势中，最关键的一条是不受广告营销评级打压。也就是说，蓝 V 账号发布同领域广告内容，不会被限流。

账号类别：	蓝V	普通账号
名称保护：	昵称锁定保护	无任何保护
功能优势：	支持官网链接、个人和公司电话一键拨打	无此功能
信息管理：	私发信息触发关键词，可自动回复，及时响应	无此功能
留言管理：	支持评论置顶及删除	无法置顶评论
	用户给企业私信不做三条限制	无此功能权限
门店优势：	认领店铺地址、电话、营业时间、推荐产品、环境、相册展示、优惠券等	无此功能权限
营销优势：	**不受广告营销评级打压**	**广告内容打压：限流、封号等**

只做部分功能对比，实际情况以实际产品为准

图 3-15 蓝 V 账号与普通账号的部分功能对比

以此横向对比可以发现，蓝 V 账号优势非常大。但蓝 V 账号有一个非常明显的缺点，每当我们看到蓝 V 账号时，会自然联想到广告账号。大家有一个潜意识，蓝 V 账号等于广告账号。抖音是一个泛娱乐化平台，没人想关注广告账号，这就造成了蓝 V 账号涨粉难，点赞低的现象，就算账号可以发布广告不被限流，但广告的互动率太低，同样获得不了推荐，还是一样没有流量。

所以，即使认证了蓝 V 账号，也不能以发广告的心态来运营，要像普通账号一样，弱化广告和销售行为。而专项的直播带货类账号，则需要蓝 V 认证，来确保账号平时更新的广告类内容，不会被过度限流。蓝 V 账号优点在于功能，缺点在于印象。

如果创作者是门店、商铺或直播带货类专项账号，需要开通蓝 V，相关功能非常有针对性。但如果只是普通创作者，蓝 V 的作用并不明显。

了解了平台规则，下面就需要搭建自己的账号，并开始进行更新了。

下一章，将会为大家讲解如何搭建账号，并且为账号做好策划和定位。

4

第 4 章
短视频账号的
定位与搭建

>

4.1 | 账号的商业定位

目前，抖音主要的变现方式分为 5 类，不同的账号内容，适合不同的变现方式。

图 4-1 抖音主要的五大变现方式

4.1.1　电商带货

电商带货分为两种情况：

（1）带别人的货，需要通过开通商品橱窗来实现。目前有 4 个要求：至少有 1000 个粉丝、10 条非隐藏作品、进行个人实名认证和交纳 500 元保证金。开通商品橱窗后，可在抖音电商主页通过产品搜索进行带货，赚取佣金。

（2）带自己的货，需要开通抖音小店或淘宝联盟店铺。开通淘宝联盟店铺，需要登录阿里巴巴官网进行开通，网站上有详细的开通教程。开通抖音小店，有 3 个要求：营业执照（个人 / 企业）、交纳保证金（500 ~ 2000 元不等）、进行个人实名认证。

带别人的货

途径：
需要开通商品橱窗

门槛：
- 1000个粉丝量
- 10条作品更新
- 实名认证

带自己的货

途径：
需要开通抖音小店或淘宝联盟店铺

门槛：
- 营业执照（个人/企业）
- 交纳保证金（2000~20000元不等）
- 实名认证

图 4-2 电商带货的两种情况

开通成功后，可以把产品上传至抖音平台，通过视频和直播进行带货。平台开通标准会随平台升级进行调整，此标准为 2021 年 3 月的标准。如果账号的主要变现方式是电商带货，那么账号运营将侧重于如何提高转化率（提高商品销售），而不是增加粉丝量和播放量。

4.1.2　广告推广

广告推广是抖音最直接的变现方式，通过帮品牌和商家创作广告视频进行变现。要求有 3 个：至少有 10 万个粉丝、入住巨量星图平台、进行个人实名认证。抖音官方不允许创作者私自和商家进行广告合作，创作者必须通过官方巨量星图平台进行合作，但入驻门槛较高。

如果创作者想通过视频广告变现，那么账号主要运营重点就是提高粉丝量和获赞数。因此，涨粉比较快的娱乐类、生活类和旅行类账号比较适合这种变现方式。

图 4-3　开通巨量星图

4.1.3　直播变现

直播变现的途径有 3 个：直播间礼物收入，即音浪收入；直播间小时奖励，完成相关任务和互动，可获得音浪；直播间电商带货，通过直播间小黄车进行带货。抖音直播虚拟币叫作音浪，普通用户在充值时，1 元 =10 音浪，而主播在收取音浪时，1 音浪 =0.047 元，实际 1 音浪 =0.1 元，平台与主播对半分，然后扣除税费，就是 0.047 元了。

如果账号的主要变现方式是在直播间。那么，创作者投入在直播间的精力一定要大于视频创作，账号运营追求的不再是增加粉丝量与播放量，而是增加直播间观众活跃人数。

图 4-4 直播间各项功能讲解

4.1.4　项目转化

创作者完全可以将抖音理解为一个全新的获客渠道，通过抖音为更多人提供相关专业服务，例如设计、摄影、加工和定制等，或者是为更多有需要的用户进行专业项目咨询，例如方案指导、商务咨询和人事咨询等。如果账号变现方式为项目转化，那么账号运营重心同样不是盲目增加粉丝量和播放量，而是制作专项领域视频内容，来吸引更多的精准用户。

4.1.5　知识服务

这是新媒体领域回报率最高的一种变现方式，有一技之长的创作者们，完全可以在抖音通过知识服务进行变现。通过知识产品制作为更多有知识需求的人提供服务，例如，英语、音乐、写作等相关学习课程。

如果账号变现方式是知识服务，那么账号运营重心也不是单纯增加粉丝量和播放量，而是制作相关知识教学视频，吸引更多精准用户。单纯的粉丝多是没有用的，只有拥有更多的精准粉丝才能更好地实现变现。

如果直接从平台要求来判断，账号变现难度如图 4-5（左）所示，但真正的变现难度是图 4-5（右）所示的情况。创作者在开始运营账号之前，最好先想清楚账号的主要变现方式，不同的变现方式要求的内容也不同。

图 4-5 抖音不同类型变现特征

4.2 | 账号的赛道选择

4.2.1 平台的账号分类特征

抖音虽然拥有数以亿级的用户，但同样也有上千万的创作者，如何才能在这些创作者中脱颖而出，并获得更多粉丝和流量，其关键在于选择适合自己的领域。如果是商业定位，则粉丝数量不是最重要的，而在于精准选择适合的内容领域，从而获得更为精准的粉丝。

抖音的视频类型，在不同平台都有相关类目分类列表，而通过 DOU+ 定投分类选项，可以看到抖音官方将平台内容分为了 25 个基本大类。

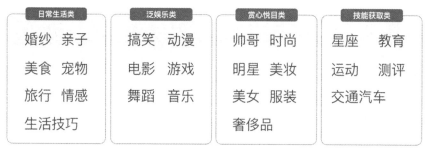

该分类方式来自抖音官方平台

图 4-6 抖音账号类目

4.2.2 找到对标账号

新手创作者需要在这 25 个类目中，寻找适合自己的方向。我们以搞笑分类为例，如果选择该领域，需要找出该领域头部大号，通过观察其粉丝量和内容风格，可判断该领域用户数量和用户内容喜好特征。

我们发现搞笑领域头部大号的粉丝量普遍在 2000 万～ 4000 万之间，这说明该领域用户群十分庞大，容易做出高粉丝量账号。

但重点参考对象并不是这些头部大号，而是另一种"领域最快成长账号"，想获得这类账号信息，在抖音内部是很难找到的，需要借助第三方数据工具进行搜索（本书第 8 章有详细教程）。这些领域快速成长账号都是近期涨粉快的账号，这些账号内容风格和形式是时下最新颖的，具备更高的参考价值。在这些账号中，创作者可锁定其中 2 ～ 3 个比较适合的账号，进行重点研究与学习，这样能更快速地帮助自己理清思路。特别要强调，热门领域赛道不一定都适合自己，要选择适合的领域赛道，不要盲目追求粉丝量和播放量。

了解头部大号：了解分类观众容量和用户喜好

图 4-7 领域头部大号

了解最快成长账号：了解新颖内容形式和分类用户看点（2020年8月上榜账号）

图 4-8 领域最快成长账号

4.2.3 账号的人设搭建

在如今的社交媒体时代，我们对文字与信息的记忆力已经远远不如对人物的记忆力强了。

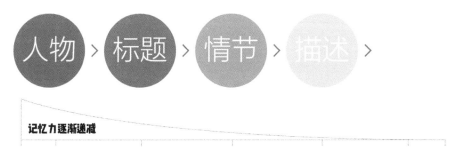

图 4-9 人们对事物记忆强度的常规顺序

4.2.4　人物人设的重要性

在尼尔·埃亚尔的著作《上瘾》中，有这样一段描述："100 年前比拼的是产能，所以发明流水线的福特成为时代明星；50 年前比拼的是渠道和营销，所以铺货能力强、广告预算高的宝洁成为市场霸主；可是当今这个时代比拼的是如何占领消费者的内心，比如苹果公司。"

提到苹果公司，我们之所以对这家公司印象深刻，除产品过硬的质量和精巧的设计外，其创始人乔布斯的号召力也是不能被忽视的。虽然乔布斯已经过世很久，但直到现在，很多用户依然会因为他是苹果公司的创始人，而消费苹果产品，这种靠的就是鲜明的人物形象。

图 4-10 乔布斯

在抖音，我们为作品点赞、愿意看主播直播、愿意购买某些商品，在很大程度上也是因为我们认可和喜欢这位创作者，从而愿意为他付出更多。因此，想做出有影响力的账号，需要鲜明的人物人设。

4.2.5　账号的搭建

账号搭建分为 3 部分：设置头像、名称与描述。

账号名称设置

抖音账号名称的设置是有一定讲究的，在不同风格和领域内也是不同的。抖音账号的命名方法有 5 个基本大类，分别为：

（1）人物名称，人物 IP 感较强。
（2）人物名称 + 称呼，人物亲和力较高。
（3）人物名称 + 领域，人物行业性较强。
（4）人物名称 + 行为，人物形象更加生动。
（5）人物名称 + 感受，人物情感形象鲜明。

图 4-11　5 大类账号名称

账号名称没有特别明确的边界，但要注意人物名称最好与头像、描述，包括人物性格保持一致。同时，还有以下 3 点需要注意：

（1）名称要简单，3 ~ 8 个字符最佳，尽量不要有外文。
（2）名称可修改，不要过分纠结独特性。
（3）名称确实关键，但好名字是改出来的。

账号头像设置

在设置账号头像时，有 3 点需要特别注意：

（1）应采用人物特写、人物中景，这样容易让人记住人物形象。
（2）人物头像最好带有情绪，这样可以加强记忆，例如微笑和沉思等。
（3）账号名称最好和头像呼应，这样会有连带性，可以强化记忆。

标识头像　　　　　默认头像　　　　　风景头像　　　　　全身头像　　　　　局部头像
带有广告性　　　　非常不正式　　　　没有人物记忆点　　人物特征不明显　　人物特征不明显

人物特写　　　　　　人物特写　　　　　　人物中景　　　　　　人物特写　　　　　　人物中景
记忆点：似笑非笑　记忆点：呆滞的面容　记忆点：开心的微笑　记忆点：深沉神秘　记忆点：怀疑与思考

图 4-12 账号头像对比

账号简介设置

在撰写账号简介时，需要体现 3 点：

（1）你是谁：让别人知道你是谁，通过一段描述了解你，展现自己的优势、资质、阅历和专业性。

（2）你能做什么：你可以为我带来什么，是知识、咨询、情感支持，还是优惠。

（3）怎样才能找到你：通过什么渠道能找到你，是地址、门店、电话、微信、微博，还是什么？

– 你是谁？

让别人知道你是谁，通过一段描述了解你
展现自己的优势、资质、阅历、专业性

– 你能做什么？

你可以为我带来什么？
是知识、咨询、情感支持，还是优惠？

– 怎样才能找到你？

通过什么渠道能找到你？
是地址、门店、电话、微信、微博，还是什么？

图 4-13 账号简介设置技巧

以下是我指导的一部分学员撰写的自己的账号简介，供读者朋友做参考。

分享搞笑段子
提供情绪价值

分享设计经验
提供行业价值

分享美食知识
提供瘦身价值

分享心理学知识
提供咨询分析

图 4-14 不同领域的学生撰写的账号简介

4.2.6 人物性格的打造

其实，每个优秀账号都有鲜活的人物形象，我们最终记住的不是人物的名字和外貌，而是他的性格。

提到李子柒，多数粉丝会直接想到文静而单纯的人物形象。她在视频中总是以一个农家少女的样貌出现，并且很少讲话，场景通常在大自然当中，所有制作教程都极其缓慢，但又非常精益求精。这样的视频作品，可以让大城市中节奏较快并且压力大的人得到一定的解压和释放。人们之所以喜欢李子柒，更多的是因为希望能像她那样，以一种清新而简单的方式生活。

图 4-15 李子柒视频拍摄场地与城市地铁站场景对比

提到房琪，多数粉丝则会直接想到坚持梦想的人物形象。一个二十几岁的普通女孩，做到了很多同龄女孩都无法做到的事情。在她的视频作品中，经常能看到她对自然的一些感悟，对旅行与生活的正面态度，以及对梦想的积极行动，这一切都无比真实而普通。可以说，喜欢房琪的人都有着和房琪一样的梦想，大家想看着她走得更远，看着她做更多不可思议的事情。

图 4-16 房琪视频中的部分场景

我们看的是视频，但其实我们在消费的是自己的情感和偏好，而承载这份感受的就是人物的性格。那么，人物的性格要如何打造呢？这里，我们可以借用 6 维塑造法来打造人物性格。

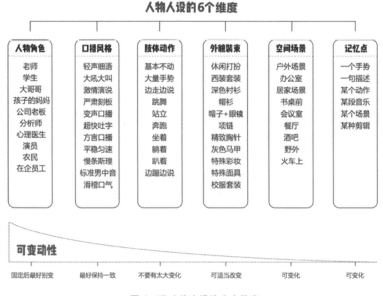

图 4-17 人物人设的 6 个维度

通过 6 个维度的人物设计，我们可以创造出有偏好的人物性格，以"鹤老师说经济"和"门叔"这两个账号为例。

鹤老师说经济

外貌设计强化了人物严谨、安全的形象，口播风格和肢体动作也照应了外貌特征，给人以沉稳的感受，而场景书架则强化了人物学识渊博的形象。整体给人一种稳重、有学识、有安全感的老师形象。而普通大众对经济学者，确实有这样的品格要求。

所以说性格决定账号的命运，性格打造是一个逐渐清晰和深入的过程，性格通常不是创造出来的而是被提炼出来的，我们的性格打造也要符合账号主题需要。

人物角色：经济学老师。
外貌装束：大框眼镜、深蓝色立领衬衫和棕色鸭舌帽。
口播风格：口播速度适中、口播情绪无太大起伏。
肢体动作：动作幅度较小。
空间场景：在书房的书架前面。
记忆点：装束和构图。

图 4-18 "鹤老师说经济"账号特征分析

门叔

外貌特征强化了人物随便、简单和邋遢的形象，口播风格就是无口播，肢体动作以表情为主，经常皱眉，表现出一种无奈的神情，空间干净的特征也更加凸显人物本身。

我们经常会以人狠话不多来形容一个人的技术高超，而门叔就很好地利用了无口播、穿着随意、表情紧张等细节的反差，强化了自己摄影作品的高质量。这位小哥哥看上去真的非常普通，但是他拍出来的照片却很棒，而这些感受都是通过人物人设来获得的。

人物角色：硬核摄影师。

口播风格：基本没有口播、很少讲话。

肢体动作：动作幅度较小、经常皱眉头、干瞪眼。

外貌装束：穿着简单、随意、普通，甚至让人感觉有点邋遢。

空间场景：空间比较干净、纯色场景居多。

记忆点：每次视频的开头语。

- 人物角色
  硬核摄影师
- 口播风格
  基本没有口播，很少讲话
- 肢体动作
  动作幅度极小、经常皱眉头、干瞪眼
- 外貌装束
  穿着简单、随意、普通
  甚至让人感觉有点邋遢
- 空间场景
  空间比较干净、纯色场景居多

图 4-19 "门叔"账号特征分析

> 因篇幅有限，本节无法为读者展示更多案例，如果想了解更多人物人设请关注公众号"小呆说视"，回复关键字"人设打造"，就可以看到相关内容案例了。

4.2.7 主题账号的搭建

没有具体人物的账号被称作主题账号。主题账号的搭建也有一定讲究，在命名上分为：主题 + 感受、主题 + 行为、主题 + 状态、主题 + 名称这 4 大类。在头像设计上也有相应的 4 种方法。

主题名称：将主题名称作为头像（最为直观的主题头像）

主题形象：利用插画形式来传达形象特征（需要符合主题形象）

主题工具：直接用相关工具作为头像（简单、直接、但也普通）

主题场景：利用主题场景来表达主题（不建议）

图 4-20 主题账号名称 + 头像案例

主题账号的账号简介与人物账号类似，需要阐述清楚 3 个问题：

（1）账号主题是什么？

（2）强调关注后会获得什么？

（3）如何才能联系到你？

在策划主题账号时，有 3 种常用的方法。

用道具输出感受

很多主题账号以道具为内容，通过特殊道具的描述和使用来表达主题。例如，"怀旧猫哥"的道具是有年代感的旧物件；"奶牛大魔王"的道具是旺仔牛奶的包装盒，每期内容是对包装盒上旺仔形象的再创作。还有木偶剧、手工制作、手指舞等形式，玩法非常多样。

人群：80后人群
道具：有年代感的旧物件

人群：9~15岁女孩
道具：小公主玩偶

人群：产品潜在消费者
道具：产品包装

图 4-21 用道具输出感受

直接讲述具体知识

很多教程类与科普类账号没有具体人物形象，例如，PS（Photoshop 简称）教学、历史教学和一些美食教学，这样的账号其实不一定需要具体的人物人设。我们在策划这类账号时，完全可以直接进行主题描述，而不用人物人设。

人群：需要学习PS制作的人

知识：**PS应用技巧**

人群：故宫文化爱好者

知识：**关于故宫的各种知识**

人群：江苏地区美食爱好者

知识：**优质特色餐厅分享**

图 4-22 直接讲述具体知识

制造奇观

这类主题账号也非常受欢迎，将日常常见的一些小事物进行非常规化处理，从而达到某奇观。例如，"小小食界"每期内容都围绕袖珍厨房场景来创作，因为新奇所以人气较高；"轩宝爸爸"则是将日常非常常见的食料和纸张进行结合，从而制作出类似大片海报的效果，非常受欢迎。

反差：厨房+袖珍道具　　　　反差：日常用品+电影
看点：袖珍厨房　　　　　　　看点：日常用品变大片

图 4-23 制造奇观

人物人设的主旨是创造鲜活、立体的人物形象，而主题人设的主旨是利用物来传达信息。不管是主题人设还是人物人设，在抖音都有庞大的用户群体，根据具体情况选择合适的人设定位。

人物人设 创造鲜活、立体的**人物形象**

主题人设 利用**物**来传达信息

图 4-24 人物人设与主题人设的特征

4.3 | 账号的内容与风格

抖音上有各种各样的视频形式，常见的有 5 种。

■ **真人口播出镜**
出境人：1人口述（最多3人）
镜头形式：固定视角镜头
人物景别：中景/特写
拍摄难度：最低

■ **过程展示**
出境人：1人口述
镜头形式：多机位镜头混剪
人物景别：多种机位混合
拍摄难度：中

■ **叙事vlog讲述**
出境人：演员1人+口述
镜头形式：多机位镜头混剪
人物景别：多种机位混合
拍摄难度：中

■ **故事小剧场**
出境人：演员1-5人（可更多人出境）
镜头形式：多机位镜头混剪
人物景别：多种机位混合
拍摄难度：较高

■ **创意表达**
出境人：根据主题情况
镜头形式：多机位镜头混剪
人物景别：多种机位混合
拍摄难度：根据题材特征

图 4-25 5 种视频形式

4.3.1 真人口播出镜类

这是抖音最普遍的视频形式，通常真人口播出镜人数为 1 人，最多为 3 人。

镜头形式多为固定镜头的中景或特写，拍摄成本较低，很多初学者都会采用这种形式。这类形式对拍摄没有太高的要求，但是对文案、脚本和口播技巧有着非常高的要求。这类视频比较适合知识教学类、测评类和新闻类账号。

4.3.2 过程展示类

过程展示类视频也是抖音的一个大类，主要是展示制作过程，例如穿搭、摄影、美食和手工制作等。这个类别没有固定的出镜人数要求，镜头形式比较多样，拍摄难度相比固定镜头真人口播高。

比较注重讲述的内容的完整度和实用性，这类视频比较适合教程类、科普类和知识教学类等相关账号。

4.3.3 叙事 vlog 讲述类

vlog 形式的视频一直风靡于各大视频平台，在抖音也不例外，是一个视频大类。vlog 类视频要求非常宽泛，对镜头形式和出镜人数没有固定要求。通常 vlog 视频更适合情感表达等内容题材，主要分为感受记录与生活记录两大类。

这类视频比较适合情感类、旅游类、生活技巧类和音乐类的账号。

4.3.4 故事小剧场类

像电视剧一样，在抖音也有这样的剧情小视频，看这些短视频就像追剧。这类视频制作投入成本较高，出镜人数一般不少于 3 人，拍摄要求也更高，需要专业团队进行制作。

个人创作者不建议制作这类视频，这类视频比较适合情感类、美女帅哥类、搞笑类和明星娱乐类账号。

4.3.5 创意表达类

这类视频是抖音早期的视频形式，没有固定模式和样式，特征是都非常短小，通常是 15 秒左右。多数为我们所说的技术流视频，汪重特效和炫目的视觉效果，充满了创意和趣味，往往视频形式感要远远大于内容本身。

这类视频比较适合秀场直播类、直播带货类和搞笑段子类账号。

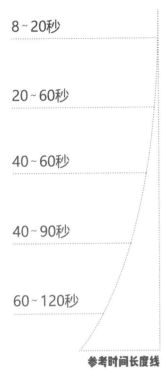

8~20秒

20~60秒

40~60秒

40~90秒

60~120秒

参考时间长度线

■ **创意表达**

　适合领域：
　该领域涉及最广，任何题材都可采用

■ **真人口播出镜**

　适合领域：
　教育、情感、星座、测评、生活技巧等

■ **过程展示**

　适合领域：
　教育、测评、美食、运动、美妆等

■ **叙事vlog讲述**

　适合领域：
　情感、旅行、生活技巧、美食、音乐等

■ **故事小剧场**

　适合领域：
　情感、美女、帅哥、明星、搞笑等

图 4-26 五种视频风格的特征

总结了这 5 种视频形式适合的领域和自身特征，创作者在进行视频创作时，需要选择其中一种形式。账号视频形式要有一定的方向性，不能想到什么形式就拍什么形式，这不是长久的创作方式。

短视频的账号定位与搭建要考虑的就是这 4 个因素：商业定位、赛道选择、人设搭建和内容风格选择。构思好这些，我们就可以进行作品制作了，就像建设高层建筑前要打好地基一样，账号定位的策划是账号打地基的过程。

下一章，将会为大家讲解文案与脚本的创作技巧，让大家知道如何产出优质的短视频作品。

5

第 5 章
短视频的
脚本与文案

>

5.1 短视频的脚本设计
5.2 短视频脚本的内容设计
5.3 短视频标题文案的创作

5.1 | 短视频的脚本设计

5.1.1 制作一个短视频要经历的 5 个步骤

制作短视频会经历的 5 个步骤：确定选题→撰写脚本→进行拍摄→后期制作→上线投放，几乎所有类型的短视频都会经历这 5 个步骤。

确定选题 → 撰写脚本 → 进行拍摄 → 后期制作 → 上线投放

图 5-1 制作短视频的 5 个步骤

确定选题：确定视频要讲的主要内容，以及需要表达的主题思想。

撰写脚本：为选题进行脚本撰写，用具体文字描述选题内容。

进行拍摄：用镜头语言和拍摄技巧实现脚本内容，脚本相当于视频所有内容的原型设计图。

后期制作：每一条短视频在拍摄完成后，都要进行后期制作，而短视频的后期制作主要围绕特效、字幕、音效和调色展开。

上线投放：在抖音平台对作品进行最后的编辑和归类，随后就可以让更多用户看到视频作品了。

这 5 个步骤非常关键，我们会在随后的章节中为大家逐个讲述相关应用技巧和知识。

5.1.2 什么是短视频选题

任何一个能够被称作是作品的短视频，都有具体的思想表达。这样的思想表达，可以是具象的，例如知识、日常、过程和技巧等，也可以是抽象的，例如感受、情绪、状态和思想等。

每个视频都需要传达一个明确的信息

表达可以是具象的：知识、日常、过程、技巧

也可以是抽象的：感受、情绪、状态、思想

图 5-2 两大类短视频选题

主题思想会贯穿作品始终，给观看作品的人留下印象并记住作品内容，我们来看一些选题案例。

	具象的表达	抽象的表达
美妆类选题：	女生夏天最适合约会的**穿搭**	粉红长裙，让我**心情变美**了
设计类选题：	**做一个LOGO**要花多少钱	做了1年LOGO，我的体会
萌宠类选题：	我们家的猫猫是怎么**摇尾巴**的	宠物**心情好**的时候，会做什么
知识类选题：	一个适合碎片化学习的**方法**	这套学习方法，**改变了我的人生**
情感类选题：	**5个方法**帮你识别渣男	被渣男骗了3年，我**崩溃**了
搞笑类选题：	气晕丈母娘的**3个办法**	和丈母娘在一起，我**尴尬**了3个小时
特效类选题：	一段炫技**特效表达**	我的**心情**被这段特效点燃了
旅行类选题：	去**南极玩一次**，要花多少钱	我被南极的美景**感动**哭了
健身类选题：	我是如何2周**瘦下5公斤**的	**瘦了5斤**后，我看到了**不一样的自己**

图 5-3 视频选题库

具象的选题内容都非常具体，会采用方法和一些具体的描述展开话题，而抽象的选题则更擅长描述感受，像心情、感动和体会等话题。虽然题材一致，但不同的选题方向会使最后制作出的视频有截然不同的观看体验。

选题的目的是为作品确立大方向，在做选题时要注意以下 4 点。

（1）任何选题都要符合账号定位方向，不要偏离主题，比如美食账号突然发了一期关于母婴知识的视频，这样的内容就偏离了账号定位。

（2）要为选题制作相应的选题库，短视频的选题不是想到一个就做一个，而是先想好若干选题，根据实际情况，在选题库中寻找合适选题制作，这样创作效率会非常高。

（3）选题并不是视频标题，它是作品的中心思想，要按照选题方向进行制作，而不是死板地将其确定为标题。

（4）每个选题都要尽量做到新、奇、趣、广，最好是大家普遍关注的内容，不能过于冷门和小众，否则将很难获得共鸣。

账号5月份的一些选题内容

建立总选题库，将所有的想法和思路进行记录
建立执行选题库，以周为单位，确定本周更新内容
尽量让选题形成系列，以3~7条为系列内容

图 5-3 视频脚本库

5.2 | 短视频脚本的内容设计

5.2.1 短视频脚本的常见节奏

你有没有想过这样一个问题,为什么一部长达 2 个小时的电影,你能看得津津有味,而一个不到 1 分钟的短视频却让你看不下去,这究竟是为什么呢?其实,这是因为视频节奏造成的,如果视频节奏感足够好,即使视频再长,观众也愿意看完。

好莱坞的商业电影都有非常完善的节奏设计,每一部商业电影至少要安排 2 个情节高潮。如果以一部 90 分钟的电影为例,会发现电影的高潮会集中出现在第 10 分钟和第 80 分钟。这种节奏设计能非常好地调动观者的情绪,吸引观者继续关注电影接下来的内容。

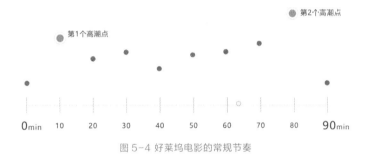

图 5-4 好莱坞电影的常规节奏

一部吸引人的小说,需要起承转合,一般会经历叙述 → 产生矛盾 → 解决矛盾→收尾的过程,同样是一种节奏设计。那些在朋友圈刷屏的推文都有巧妙的节奏设计,而短视频和它们一样也需要节奏设计。在本节,将会为大家讲解 3 个最为常用的视频节奏。

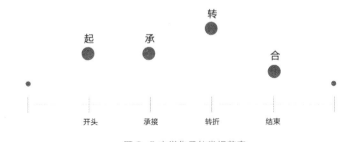

图 5-5 文学作品的常规节奏

393 节奏（也叫黄金 3 秒法则）

如果一个视频只有 15 秒，那么我们可以将其分为 3 段，长度分别为 3 秒、9 秒、3 秒，而这 3 段要描述的重点也不同。

3 秒 —— 通常一个有吸引力的标题，一般在 3 秒内可以讲完。

9 秒 —— 对选题内容进行描述，视频长度不同，描述时长也会不同。

3 秒 —— 对内容进行总结和引导关注，最后 3 秒通常用来介绍自己并引导关注。

通过图 5-6 我们可以更清楚地了解观者的情绪波动。

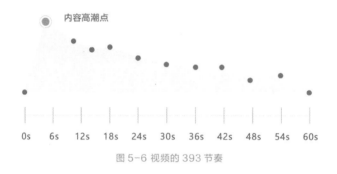

图 5-6 视频的 393 节奏

口播类短视频往往形式比较单一，所以需要吸引人的开场和文案描述。393 节奏非常适合口播类、知识类、vlog 类短视频内容，但同时也对文案脚本创作有较高要求。

369 节奏（3 段式高潮）

在一个视频作品中，要想办法设计出 3 个情节反转，也就是 3 次情节冲突，这样能保持观看者有比较高的注意力。通过图 5-7 我们可以更清楚地了解观者的情绪波动。

3 秒 —— 第一个带有反差的内容出现，观者情绪轻微波动。

6 秒 —— 第二个带有反差的内容出现，观者情绪开始有起伏。

9 秒 —— 第三个带有反差的内容出现，观者情绪有强烈的变化。

扫描下面的二维码观看短视频案例，可以更加了解 369 节奏在视频中的应用。这类节奏追求的不是故事和内容的真实性，而是追求反转叠加的情绪化渲染，也可以理解为形式感大于内容结构。

娱乐感极强的剧情、搞笑段子、剧场类的短视频非常适合这类节奏。

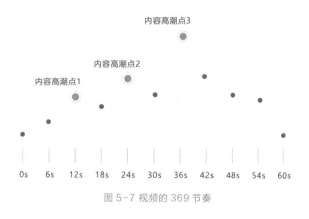

图 5-7 视频的 369 节奏

短视频案例
剧情类短视频作品——女孩与母亲的家庭故事
369 节奏的短视频案例

39 节奏（2 段高潮）

在视频中设计两个情节反转，通过图 5-8 我们可以更清楚地了解观者的情绪波动。

3 秒 —— 第一个带有反差的内容出现，吸引注意力，观者情绪被吊起。

9 秒 —— 第二个反差点出现，紧扣第一个反差，观看者情绪被释放。

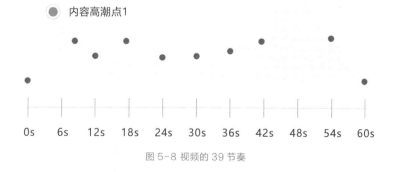

图 5-8 视频的 39 节奏

39 节奏对故事的真实性要求高于 369 节奏，并且比较强调 2 个反转之间的联系，比较适合剧场类和故事类的短视频。

5.2.2 短视频脚本内容的设计方法

脚本内容撰写分为 2 个类型：10 ~ 20 秒短脚本和 20 ~ 60 秒长脚本。

如果视频长度不超过 20 秒就很难讲清楚具体事件，所以这类短视频往往比较强调视觉和感观，画面的作用要远远大于文字。在脚本创作方面，其主要目标是通过视频来创造一次内容反转。

结构公式：习以为常的事物和意想不到的反差。

文案长度：40 ~ 80 个字。

案例 1: 在厕所做吃播

扫描下面的二维码，观看短视频案例。

短视频案例
剧情类短视频作品——在厕所做吃播
10 ~ 20 秒短视频案例

结构：

常规事务：耳机掉到马桶里，然后用筷子去夹。

内容反转：被他人发现以为是在吃马桶里的东西。

文案：

上个厕所，耳机还能掉马桶里，幸好没有冲水。

开门声。

你听我解释。

你啥时候改吃播了？

长度：13 秒。

案例 2: 抽纸变 "武器"

扫描下面的二维码, 观看的视频案例。

短视频案例
剧情类短视频作品——家庭类小剧场故事
10 ~ 20 秒短视频案例

结构:

常规事务: 抽纸是这个世界上, 非常安全的东西之一。

内容反转: 把抽纸变成武器, 让非常安全的东西有 "杀伤" 力。

文案:

让你不回电话、让你不回电话、让你冷战!

辣死你、辣死你、扎死你、扎死你、辣死你!

时长: 14 秒。

以上两个案例非常有趣, 它们都利用了 10 ~ 20 秒短脚本创作方法制作出了受平台用户欢迎的短视频作品, 在创作这类脚本时, 要注意以下 3 点:

(1) 短脚本适合笑话、效果和视觉类视频作品, 不适合知识和教程类作品, 主要是因为太短。

(2) 短脚本因为太过简单, 所以时效性较强很容易过时, 平台每个月都会出现类似的作品, 并很快会被用户遗忘。

(3) 短脚本创意点主要是创造反差, 而最让人印象深刻的反差一般是那些日常生活中最为普通的事物, 所以接地气很关键。

如果视频长度在 20 ~ 60 秒, 那么就有时间讲明白一件事了, 为了能让观众看完长视频, 还需要让视频内容更加丰富。因此, 在创作 20 ~ 60 秒长视频时, 需要了解 3 段式结构。

结构公式：提出问题→描述问题→提出问题解决方案。

文案长度：200 ~ 500 个字。

案例 1：健身能改变命运

扫描下面的二维码，观看视频案例。

视频结构：

提出问题：坚持健身，人生会发生什么样的变化？

描述问题：在工作、社交、生活中逐渐发现了，健身的重要性。

提出解决方案：开始尝试健身，用各种方式去健身，从而改变了自己。

获得成果：健身让我变成了另外一个人。

时长：65 秒。

短视频案例
vlog 短视频作品——个人成长故事
20 ~ 60 秒短视频案例

文案结构拆解：

提出问题

你知道坚持健身四年后，人生会发生什么样的变化吗？

描述问题

曾经，在别人眼里我就是一个平凡且身体羸弱的留学生，为了追求苗条各种节食、吃药。直到有一天在沙滩跟一群外国人打排球，直接被球砸趴下，非常丢脸。

提出问题的解决方案

我开始质疑什么是真正的美。于是，我把那周打工的工资都交给了健身房的私教。从此跟健身房谈了四年半的"恋爱"。为了健身，我减少无效社交，每天必须早睡早起，开始大口吃饭，学会拥抱自然，在烈日下不打伞。于是神奇的事情发生了，我变得坚韧强大、自信满满，学会了不说不可能。在跟自己身体和意志力的交往中，我发现我可以战胜一切困难，我不再矫情，遇事不再后退。

学潜水、冲浪和网球，拿看电视剧和打游戏的时间去探索这个世界。自学剪辑，把自己的生活拍成影片，变成了现在的"硬核"旅行博主。

获得成果

健身教会我自律，长得漂亮是优势，活得漂亮才是本事。

我是大漂亮 Suzie，让我带你探索这个世界吧。

案例 2：熬夜真的会致癌吗？

扫描下面的二维码，观看视频案例。

视频结构：

提出问题：熬夜真的会致癌吗？

描述问题：列举了熬夜对身体的各种危害，并分析了熬夜的危害数据。

提出解决方案：倡导大家不要熬夜，早睡早起。

时长：43 秒。

短视频案例
口播知识类短视频作品——熬夜对身体的危害
20 ~ 60 秒短视频案例

文案结构拆解：

提出问题

熬夜真的会致癌吗？

描述问题

现在的年轻人，下班时间通常和宵夜时间赶在一起，好不容易躺上床，还要捧着手机打游戏，这样一来，熬夜就成了家常便饭。世界卫生组织通过调查发现，每天在凌晨一点以后入睡，是一种非常不健康的生活习惯。更重要的是，早在 2007 年，熬夜就已经被列为容易诱发癌症的因素之一。这主要是因为熬夜会导致人体内的褪黑素下降，也就是能够抑制肿瘤增长的激素会减少，从而降低人体的免疫力，提高患癌的风险。

提出问题的解决方案

要养成早睡早起的好习惯。今天，你早睡了吗？

案例 3: 为什么人会那么虚荣

扫描下面的二维码,观看视频案例。

视频结构:

提出问题:开奔驰汽车的同学,为什么要找我借小钱?

描述问题:看上去有钱但其实很穷,还借了贷款,所以要找我借。

提出解决方案:钱借给了他,对他的这种行为开始反思,体会到他这么做的原因,是因为
人们只相信自己看到的东西。

时长:60 秒。

短视频案例
口播感受类短视频作品——富二代找我借钱
20 ~ 60 秒短视频案例

文案结构拆解

提出问题

一个开奔驰汽车的同学,为什么要找我借 3000 元?

描述问题

因为关系比较好,所以我马上借给了他,还告诉他要省着点花。你可能会很纳闷,这人都穷
成这样了,还能开奔驰汽车呀?一个月的油费都不止 3000 元吧?

这个老朋友我太了解了,他的汽车和手表,都是贷款买的,以他的收入每个月还贷都困难,
整日找同学救济,上学的时候他就这样。

提出问题解决方案

他这么虚荣,有用吗?有意义吗?

但是我后来明白了一个道理,他从来不攒钱,他很清楚钱就是花给别人看的。

人们往往只相信那些表面的,或者是他们能看到的东西。

通过以上案例会发现，抖音的大多数视频作品都采用了这种结构。可以说，只要掌握了 3 段式结构，就掌握了短视频脚本写作的窍门。在进行长脚本创作时要注意以下 2 点：

（1）长视频创作比较适合知识类、剧情类、经历类、vlog 类内容，但很少有搞笑类视频能做得非常长。

（2）视频创作的创意点最好来源于真实经历或生活，可信度会更高，内容也会更受欢迎。

5.3 | 短视频标题文案的创作

5.3.1 短视频标题文案的格式

短视频的标题文案存在两种格式。第一种格式，是将标题制作在视频当中，也就是视频开头部分，一般来说，会占用两行空间，字符在 15 ~ 20 个。这样的标题比较醒目，但文字量有限，不能写太长。

第二种格式，当视频作品没有制作封面标题文字时，视频左下角的引言就会成为视频标题，字符在 40 ~ 55 个。这样的标题虽然不够醒目，但可以承载较多信息，能够写出很多有转折故事的标题。

图 5-9 短视频标题样式

根据作品主题特征选择标题形式，在本书第 1 章已经讲述了用户场景的重要性，而在撰写短视频标题时，也同样要注意这一点，标题文字一定要简单、清晰、明确。

5.3.2　短视频标题文案的 4 个创作手法

我将短视频标题文案创作方法总结成了 4 个关键的技巧点，只要能熟练掌握这 4 个技巧，就能写出爆款文案标题。

标题要口语化

标题文案要符合聊天特征，要像朋友拉家常一样有社交情景感，要多运用口语化的词语，让内容和吃、喝、玩、乐等日常事务关联起来。例如：受气、老鬼、沙雕、我想你了等特别接地气的语言。

教育孩子，是一件很重要的事情（某教育机构）。

山西果园精品水果，好吃有营养（某水果批发店）。

某饮料炫酷上市，开创饮料新时代（某饮品文案）。

修改后：

为什么父母和孩子不能做朋友？

真正的甜是甜如初恋。

吃饱了，来一瓶。

因为抖音是社交软件，所以在这样的场景下，一切语言要更像社交的语气。多去思考我们平时是如何与周围人聊天的，从中提炼可转化为文案的语句。

图 5-10 经典广告文案

标题要制造出反差感

矛盾与冲突是构成情节的基础，也是文案能够吸引人关注的关键点。要在文字中制造矛盾与冲突需要通过数字、时间、空间、情感和感受等创造反差感。总结起来，就是让标题文案有强烈对比。

新款阅读器 5G 超大空间，提升阅读体验（某电子产品广告）。

支付宝，新上线了可以画画的小程序（某小程序广告）！

这样日复一日地乏味工作，你不想换换吗（某小程序广告）？

修改后：

教你一个把 500 本书放在口袋里的方法。

从明天起，支付宝将改名为"设计宝"！

我们究竟是一年活了 365 天，还是只活了 1 天，然后重复了 364 遍？

把空间、数字和时间做一定的夸张处理后，标题文案会更加吸引人，并让人印象更深刻。

人们看到标题后会有更强烈的冲击感受，试着让这些反差点增大，你的标题会更加吸引人。图 5-11 是我在做公众号时，为公众号设计的推屏海报，就是利用了这个技巧。

标题要与观看者有关联

我们只会对与我们有关的事物产生兴趣，这是人性的本质，也是互联网上大多数用户的真实写照。要让文案与用户有关联和产生联系，多使用你、你们、我们、和你有关、对你说等主语来强调关联性。

总结起来，就是要让观看者感受到这一切都与自己有关。

图 5-11 公众号海报设计

请帮帮那些，无家可归的人（某慈善机构）。

为什么做短视频这么难，告诉你原因（某培训机构）。

真正健康的水，才是适合饮用的（某产品文案）。

修改后：

你要是饿了，会怎么办？

几乎所有短视频作者，都高估了自己的作品。

为什么，你需要一杯真正的好水？

有没有发现修改后的文案，特别能激起你的关注。要多去使用这个技巧，让你的标题与观看者产生联系。

文字要具备视觉化特征

能让人直接联想到画面的文案才是最容易认人记住的文案，巧妙地使用数字、符号、形式来强化文字的画面感可以引来更多注意力。

总结起来，就是要让观看者在读到文字后能在大脑中瞬间形成画面。

这里有一万元红包等你来拿！

MH370 航班已失联 1 年，还记得那些人吗？

这是一个能让你了解自己的最好的方法。

修改后：

这里有 10000 元红包等你来拿。

MH370 航班失联的第 371 天，你还记得那些人吗？

点击进入你自己的世界。

如果标题内有适合被转化为画面元素的文字，尝试将它们视觉化，这样可以更为直观地表达标题内容。

5.3.3　短视频标题党文案的创作方法

标题党类视频也被称作"破播放"类视频，在抖音平台这种类型的作品曾经被定义为是无效的。但这类视频确实能够为账号带来短期内的大流量和高曝光，并非无效，只是没有那么神乎其神，标题党类视频具有以下 5 个特征：

（1）视频长度一般在 9 ~ 18 秒。

（2）视频标题长度一般在 40 ~ 55 个字符。

（3）视频作品通常无口播或较少口播。

（4）视频中会尽量使用时下最火爆的相关热门音乐。

（5）视频标题通常采用非常够"扎心"的文字进行描述。

在这 5 个特征中，标题文案是主要的难点也是主要的爆点，想要写出真正"扎心"的文案，就要了解人们真正想要讨论和观看的东西是什么？

图 5-12 人类的 8 大欲望

在心理学领域，有一个比较通俗的描述，叫作人类的 8 大欲望。

生存：长命百岁。　　　　　　享受：食物和饮料。

安全：躲避危险和威胁。　　　伴侣：寻求性伴侣。

舒适：追求舒适的生活条件。　攀比：与人竞争。

保护：照顾他人。　　　　　　认同：权利、地位和社会角色。

下面是两组类型不同的标题党短视频作品的截图，它们都是热门作品，都是巧妙地在标题内植入了欲望点，从而引起观众共鸣。

伴侣：寻求伴侣

日常风景+欲望点　　　　吃饭+欲望点　　　　行为+欲望点　　　　行为+欲望点

图 5-13 标题党文案

舒适：追求舒适的生活条件

城市+具体处境+欲望点　　　城市+具体处境+欲望点　　　城市+具体处境+欲望点

图 5-14 标题党文案

为了能更好地掌握这类标题的创作，我为读者朋友们总结了一个万能公式：

人物当下状态 + 具体行动 + 欲望点

分别根据 8 个欲望点，创作了 8 个标题党文案。

生存

我 59 岁的父亲从来不体检，觉得自己身体特别好。去年的一天晚上，他在公交车上突发心梗去世了。真的！健康比什么都重要！当你后悔的时候，就来不及了！

享受

坚持减肥 2 个月的我，终于吃上梦寐以求的火锅了！人活着又不是为了别人而活，我要做我自己想做的事情！今晚，我要做一个快乐的废物！

安全

我在英国读书 3 年了，昨天下楼时摔倒了，一瘸一拐地走了 3 公里才到医院，在这里没有朋友、没有亲人、更没人会关心我。小时候，爸爸总是会保护我，我特别想念他的拥抱！

伴侣

昨天晚上打车时，我看到出租车司机就又想到你了，他和你一样喜欢穿蓝色的格子衬衫。我们都分开 6 年了，我还是忘不了你，我还想听你叫我：小可爱。

舒适

等我把花呗还完了，我要去旅游一个月，我要喝它个 3 天 3 夜，我要通宵打游戏，我要天天吃火锅！本该自在的人生，却把我压得喘不过气。

攀比

同样是 19 岁，别人在上大学、谈恋爱、学知识和打游戏，而我的 19 岁，在想着怎样救活我的妈妈，怎样活下去，生活是不能比较的，不然，你根本无法继续。

保护

我的花呗还有 23,000 元的欠款，但我这个月的 5,000 元工资还是要给我弟弟交学费。爸爸妈妈不管我们了，没关系，他的姐姐会保护他，努力给他一个好的未来！

认同

我今年 30 岁了，从山里来上海打工 6 年了，没对象、没房子、没存款、还欠债！但是，我不能回去，我就是想混得有点样儿，想让爸妈在老家提到我时觉得有面子。

在互联网领域，还有一个非常日常的案例，就是腾讯新闻客户端的标题文案，也是典型的公式文案。经常看腾讯新闻的朋友应该会发现，该网站的新闻推送不仅特别吸引人，而且每条不同的新闻标题还非常的类似。例如下方的案例：

男子在海滨浴场突然被人摸了下脖子，转身后却傻眼了。

女子怀孕 8 个月腹中突然没动静，医生剖腹看到可怕一幕。

女子坐飞机睡醒看到"船在天上飞"真相让网友惊叹。

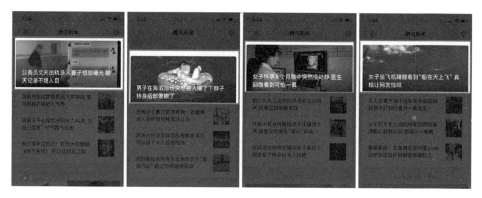

图 5-14 腾讯新闻客户端新闻文案

其实这样的标题也是通过套公式进行撰写的，这组公式就是：角色 + 行为 + 反差 + 疑问。例如：角色（男子）+ 行为（在海滨浴场）+ 反差（突然被人摸了下脖子）+ 疑问（转身后却傻眼了）。其他标题读者可以尝试用公式来推演一下。这组公式，也是一套非常容易抓人眼球的标题党文案。

到这里，可能很多人会感慨，道理我都懂但就是不会写。文案的学习，是 90% 的练习和 10% 的方法，本节教给大家的技巧，如果不去练习，是不可能写出好文案的。

在练习文案创作的过程中，有 4 个比较有效的提升方法：

（1）先会改再会编，新手可以先进行改编，纯粹的原创是很困难的，也是不存在的。

（2）一个主题多个纬度，可以试着对同一主题的选题，进行多维度的文案撰写练习，试着写出 5 ~ 10 条不同的描述，这样的训练更能提升自己。

（3）练习 + 练习 + 练习，就算是大师教你写文案，写得少还是不会有提高，还是需要多多练习。

（4）养成看书的好习惯，多看一些文学、文案、广告类的书籍，素材储备越多，你的文案水平就越高。

文案创作是新媒体领域的核心技能，是图文、短视频等新媒体形式都会用到的技能，建议读者潜心修行，这是一个受用终生的技能。

下一章，将会为大家深入讲解如何进行短视频制作和如何进行视频剪辑。

6

第 6 章
拍摄与剪辑技巧

>

6.1 | 拍摄制作技巧

6.1.1　拍摄设备与制作工具

拍摄设备

是用手机拍摄视频，还是用单反相机拍摄视频，刚接触新媒体短视频的新于很难做出选择。用手机拍摄的优势是携带方便，制作视频作品时比较快捷，缺点是当光源不足时，画质较差且没有景深效果。用单反相机拍摄的优势是画质较好，有景深效果，缺点是过于笨重，制作视频时比较麻烦，设备的费用也比较高。

用手机拍摄

用相机拍摄

图 6-1 拍摄设备

对于刚入门的普通创作者，用手机拍摄就可以满足制作需求，没必要使用专业设备，在选择手机时尽量选择像素较高的。

辅助配件

在拍摄视频时，如果需要减少画面抖动的情况，可以选择购买手机稳定器或者三脚架，手机稳定器的费用大概在 300 ~ 900 元之间，三脚架的费用一般在 80 ~ 200 元之间。

手机稳定器	三脚架	美颜灯	领夹麦克风
vlog拍摄必备，口播不需要	口播、外拍必备	直播、口播必备	主播、口播必备
300~900元	80~200元	80~400元	50~200元

图 6-2 短视频与直播的辅助设备

如果拍摄环境中的光源不足，可以选择购买美颜灯进行补光，在拍摄视频和直播时都能用到，价格一般在 80 ~ 400 元之间。建议购买尺寸大一些的美颜灯，这样光源比较强，光照效果比较好。

在拍视频时，如果声音效果不理想，可以选择购买领夹式的麦克风，费用在50 ~ 200元之间，能够提高声音质量。

这 4 种辅助设备是制作短视频和进行直播时使用率最高的，可以根据需要进行选择。

制作软件

如果使用计算机进行视频制作，可以用 Corel 会声会影或 Premiere 进行剪辑，可以用 Audition 进行声音制作。如果是 MAC，可选择它自带的 iMovie 来进行剪辑，用 GarageBand 制作声音。如果要求更高，可以用 Final Cut Pro 来制作视频。

声音、视频制作软件

Corel 会声会影　　Premiere cc　　Audition cc　　　　iMovie　　GarageBand　　Final Cut Pro

图 6-3 短视频制作常用的软件

如果使用手机制作视频，可以选择抖音官方视频制作软件"剪映"进行视频制作。这款软件功能强大、操作简单，而且该软件目前已经更新了计算机版本，可以在计算机上进行视频制作，登录剪映官网下载软件，安装后就可以进行制作了。

图 6-4 剪映 app 的介绍页

6.1.2 短视频的景别

景别是视频拍摄中非常重要的概念，它是指被摄主体和画面形象在屏幕框架结构中所呈现的大小和范围。影响景别的因素有两个：一是摄像机和被摄主体之间的实际距离，二是所使用

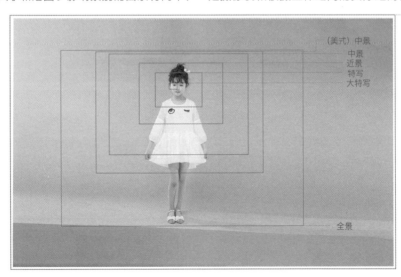

图 6-5 景别示意图

镜头的焦距长短。景别是视觉语言最基本的一种表达形式，是对空间的描绘与再现。大致可分为：大特写、特写、近景、中景、美式中景、全景和远景这 7 类，不同景别所表达的画面感也截然不同。通过表 6-1，我们能更直观地了解不同景别的特征。

表 6-1 景别特征

景别	镜头	画面特征	适合展示
特写/大特写	人物的头部	善于表现人物的神态、表情和细微变化	人物表情神态和动作的细节产品细节
近景	人物胸部以上位置	善于表现人物当下的状态和整体形象	人物的整体形象当下的状态和整体特征
中景/美式中景	人物腰部/膝盖，以上位置	善于表现单个/多个人物的状态和肢体动作	多个人物对话互动人物在和其他物体互动
全景	人物全部出现在画面中	善于表现人物与场景的关系	人物在做的事情
大全景	人物在画面中只占一部分	善于表现场景，人物是修饰	展示环境具体特征当下空间状态

6.1.3　短视频的运镜

运镜技巧是拍摄短视频最基本的技巧，简单来说就是对镜头运动行为的一种概括，主要分为两种拍摄方式：一种是摄像机安装在各种活动的物体上；一种是摄像者肩扛摄像机，通过人体的运动进行拍摄，常规运镜被分为 5 种方式。

推镜头

具备强调性，通过镜头运动来强调主体的重要性，在表现重点事物、人物和场景时使用。

拉镜头

与推镜头正好相反，通过运动来强调主体所在的环境情况。在表现人物和物体所处状态时使用。

摇镜头

当被摄主体即将运动时，通常会采用摇镜头，通过镜头的各种运动方式可强化物体的运动行为，更方便观者理解物体运动过程。

移镜头

主要用来表达整个环境，包括场景、人物、道具和行为之间的关系等，移镜头的快与慢通常和想要表达的空间气氛有关。

跟随镜头

更为真实自然地表达对象或者人物本身的状态和神态，跟随镜头就像观众就在被摄主体的身边一样。

表 6-2 五种运镜方式的特征表

运镜方式	表现形式	特征
推镜头	镜头推向被摄主体	具备强调性，通过镜头的运动来强调主体的重要性 在表现重点的事物、人物和场景时使用
拉镜头	镜头远离被摄主体	通过运动来强调主体所在环境的情况 在表现人物和物体所处状态时使用
摇镜头	镜头以被摄主体为中心，进行运动	当被摄主体即将运动时，通常会采用摇镜头 通过镜头的各种运动方式，可强化物体的运动行为， 更方便观者理解物体的运动过程
移镜头	镜头以环境为主，进行运动	主要用来表达整个环境，包括场景、人物、道具和 行为之间的关系等，移镜头的快与慢 通常和想要表达的空间气氛有关
跟随镜头	镜头以被摄主体为中心，跟随主体	更为真实自然地表达对象或者人物本身的状态和神态 跟随镜头就像观众就在被摄主体的身边一样

运镜是一个动态过程，用文字描述有很大的局限性，关注公众号"小呆说视"，回复"运镜"有我为你制作的专属视频教程，帮助你学习更多有用的知识。

6.1.4 短视频的构图

短视频以竖屏为主，视频能占满整个手机屏幕，看似观看面积很大但其实可观看面积比较局限，真正的有效画面，只有手机屏幕的 70% ~ 80%。

所以，在拍摄视频时需要具备视觉重心意识，将主要视频内容安排在安全区。

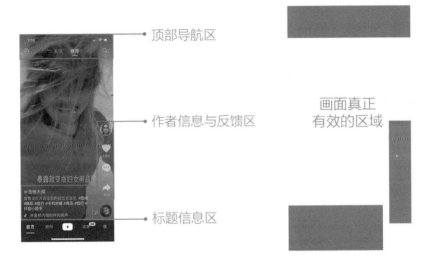

图 6-8 有效画面示意图

特别要注意以下 3 点：

1. 在拍摄时主要内容不要太靠外。

2. 主要视觉内容要安排在视觉中心。

3. 字幕等提示信息不要太靠近边缘或者非安全区。

通过图 6-9 可以看到画面的有效区域。

你会发现，优质视频在画面构图时，会把主要信息放在重要区域

图 6-9 有效画面区域图

3 个错误案例

文字太靠边
导致文字无法识别

人物太小
偏离了视觉主区域

解释文字太靠上
太靠近导航，影响识别

图 6-10 错误案例示意图

短视频的构图分为横构图与竖构图

横构图的优势在于主要画面内容会比较突出，其他空白区域可添加字幕和特效，而缺点在于画面面积较小，视觉沉浸感差，画面细节展现能力不足。因为，横构图更容易添加字幕和讲述教程，凡是侧重于学习的教程、各种教学视频和讲述类视频等内容领域，都比较适合横构图。竖构的图优势在于展示面积大，视觉沉浸感较强，画面细节和人物展示清晰、明确，但缺点在于不宜添加字幕和特效，画面可展现空间场景有限。

适合内容领域：

例如：
学习教程、各种教学视频、讲述类视频等内容领域

主要原因：

凡是侧重于知识表现的，都比较适合横构图，因为更容易加字幕和教程

适合内容领域：

例如：
剧情小剧场、摄影、美食、穿搭、护肤、旅游等领域

主要原因：

凡是侧重于视觉表现的，都比较适合竖构图

图 6-11 横屏与竖屏构图特征

凡是侧重于视觉表现的内容，都比较适合竖构图，例如剧情小剧场、摄影、美食、穿搭、护肤、旅游等领域。

不管横构图还是竖构图，主要目的都是要凸显要表达的内容，创作者需要根据题材来选择构图形式，一旦确定了构图形式就不要随意更换。

6.2 | 剪辑制作技巧

剪映是最常用的手机视频制作软件,本节以剪映为制作工具为大家讲解视频制作的整个过程。这里用的是剪映的 4.5.1 版本,软件版本会一直迭代更新,软件界面也会随之改变,但基本功能不会有太大变化。

6.2.1　对作品进行基本设置

使用剪映的第一步是选取素材,如图 6-12 所示,导入视频并进行基本设置。

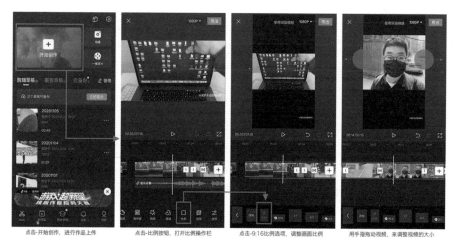

点击-开始创作,进行作品上传　　点击-比例按钮,打开比例操作栏　　点击-9:16比例选项,调整画面比例　　用手指拖动视频,来调整视频的大小

图 6-12 视频尺寸设置

设置大小比例,在软件下方的操作栏选择"比例",然后选择想要的尺寸,通常会选择 9:16。在操作栏,可以用手指自由地拖动、放大和缩小视频,直到调整合适为止。

设置背景,在软件下方的操作栏选择"背景",然后会看到 3 个选项:

画布颜色:可以自由地修改背景颜色。

画布样式:可以自由更换背景画面,并且可以上传手机里的图片。

画布模糊:可以设置背景模糊效果。

如果是利用计算机制作视频，建议画面比例设置为 9:18。因为目前多数手机是全屏的，9:16 的画面在很多手机上容易被遮挡，9:18 可以保证画面的完整性。

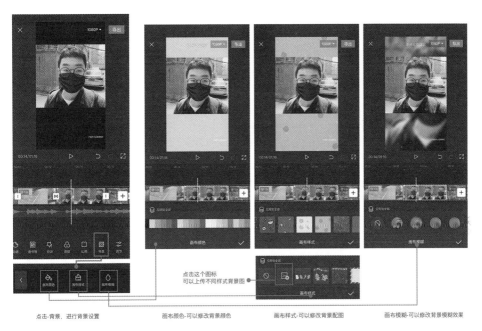

图 6-13 视频背景设置

6.2.2 对作品进行基本的剪辑

第二步，对作品进行基本的剪辑，选中视频素材，将时间轴拖曳到想要进行剪辑的位置，然后点击软件下方操作栏上的"分割"选项，就可以将视频分成两段，根据需要进行剪辑，如此类推让视频内容变得更加流畅。

被剪辑后的部分视频内容，如果需要删除，只需选中需要删除的视频，然后点击软件下方操作栏上的"删除"选项就可以删除了。

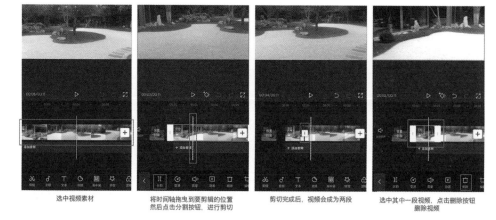

选中视频素材　　将时间轴拖曳到要剪辑的位置　剪切完成后，视频会成为两段　选中其中一段视频，点击删除按钮
　　　　　　　　然后点击分割按钮，进行剪切　　　　　　　　　　　　　　　　　删除视频

图 6-14 剪辑操作

6.2.3 为作品添加转场效果

第三步，在软件时间轴操作面板找到两段视频中间的"白框"，点击这个"白框"将会弹出一系列转场特效，用户可以根据需求设置转场样式、时间和强度。设置完成后，点击"应用到全部"按钮，用户设置的转场效果就会覆盖整个作品。

转场效果的使用建议不要过多，当视频内容有较大跨度的空间、时间变化时，再应用转场特效会比较合适。

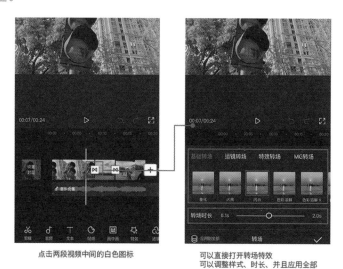

点击两段视频中间的白色图标　　　　　可以直接打开转场特效
　　　　　　　　　　　　　　　　　可以调整样式、时长、并且应用全部

图 6-15 添加转场效果

6.2.4 为作品添加字幕

第四步,为视频添加字幕,在软件下方的操作栏上选择"文本"选项,会弹出 5 个命令:新建文本、文字模版、识别字幕、识别歌词和添加贴纸。

图 6-16 字幕设置

新建文本:

可以新建一个文字编辑框,在编辑框内可以输入想要的文字,还可以对文字进行放大、颜色和样式等设置。

文字模版:

可以使用一些带有动态的文字样式,有多种分类,但文字样式不可以进行文字修改。

识别字幕：

可以自动识别视频中的所有口播对话，然后转化成可编辑的文字文本，这项功能是制作视频时非常好用的文字编辑功能。可以对识别后的文字进行位置、大小和样式的修改，也可以对每个文本框进行单独的修改，是非常好用的功能。

识别歌词：

可以识别视频中歌曲的歌词，然后转化成可编辑的文字文本，同样可以对转化成文字的歌词文本进行修改和编辑。

添加贴纸：

一些已经预设好的文字特效，效果比较酷炫，用户可以根据自己的需要进行添加。

5 个功能的重要程度依次是：识别字幕 > 新建文本 > 文字模版 > 识别歌词 > 添加贴纸，剪映的文字编辑功能非常智能，可以帮助用户提升制作效率。

6.2.5　为作品进行调色

第五步，为视频进行调色，当视频的剪辑、文字效果都制作好后，就需要对视频进行整体调色。剪映的调色功能有很多，这里只教大家最为有效和常用的一套调色方法。在软件下方的操作栏选择"滤镜"选项，然后选择"新增滤镜"选项，在滤镜库中选择一个合适的滤镜。这里有 2 点需要注意：

（1）不要进行滤镜叠加，通常使用一个滤镜就可以了，用太多滤镜会让画面不清晰。
（2）滤镜的强度最好控制在 40% ~ 60% 之间，滤镜效果太强也会损坏画质。

为了让视频更清晰，千万别忘记对视频进行"锐化"操作，在软件下方的操作栏选择"滤镜"选项，然后选择"新增调节"选项，在展开的选项组中选择"锐化"选项。

视频在进行整体锐化时，千万不要把锐化值开得太高，建议在 30% ~ 40% 之间就可以了，指数太高，会让画面显得不够自然。

选项组中的其他选项，根据视频特征来进行设置。

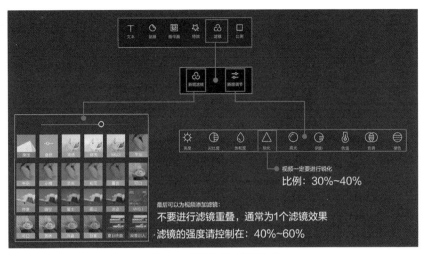

图 6-17 调色与锐减设置技巧

6.2.6 为作品添加音乐

第六步，为视频添加音乐和音效，在软件下方的操作栏上选择"音效"选项，就可以为视频添加各种音效了。而在软件下方的操作栏上选择"音乐"选项，就可以为视频添加背景音乐了，这部分操作非常简单，就不再具体讲解了。

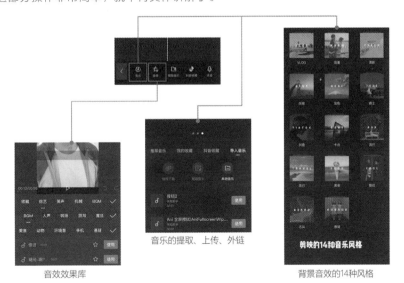

图 6-18 音效与音乐设置

同时，还可以进行其他视频的音乐提取、音乐的上传和外链网站音乐的使用，软件精选了十几种风格的音乐，这些音乐基本能够满足用户的日常使用。

6.2.7 对作品进行导出和上传

第七步，对作品进行导出。调整完成后，在软件右上方操作栏选择"导出"选项，进入导出界面。视频导出前对视频进行必要的检查，而视频的导出参数一般来说选择默认的参数就可以了，没必要选择 4K 这样高的分辨率。

1.在导出时，记得对视频进行检查

2.默认参数导出即可

3.千万不要选择太高的分辨率

所有视频在上传抖音时，都会被压缩，
所以，建议视频制作完成后通过剪映进行
压缩和合成，
因为，剪映是抖音官方产品，和抖音的兼容性
是最好的。

图 6-19 导出设置

因为我们制作的视频在上传的时候，还会被压缩，视频导出过大反而会在二次压缩时损害视频的画质。

完成以上 7 步，一条视频作品就制作完成了，剪映这款软件的功能还有很多，本书只是讲解了最为实用的部分。

下一章，将会讲解直播与直播带货的相关知识。

第 7 章
短视频与
直播带货

>

7.1 | 你真的理解什么是直播吗

直播这种媒体形式其实早就出现了，而进入 2019 年直播迎来了一轮新的热潮。原因在于它与商品销售的结合带来了一种崭新的商业模式，那就是直播带货，直观上来看直播与电视购物最大的区别只在于主播与用户的互动性。

深入来讲，直播带货和电视购物有着本质的不同，它其实是人、货、场概念的重塑。本章，将就该问题进行展开讲述。

7.1.1 理解直播间人、货、场的概念

人、货、场的概念由来已久，不管是线下实体门店，还是线上网店或直播间，只要存在商品买卖行为，从业者就需要思考三者之间的关系，只有平衡好这三者的关系，才能做好销售。

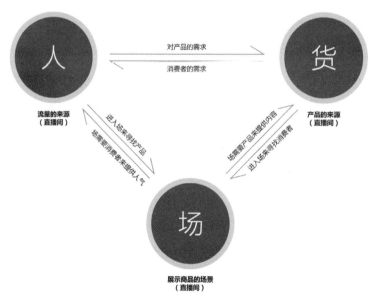

图 7-1 人、货、场三者之间的关系

人：可以简单地理解为两部分，上门购买商品的消费者和进行销售行为的推销人员。消费者是购买商品的主体，是整个销售行为的核心。在直播间，可以把这部分人理解为流量的来源，而进行销售的人，则可以理解为主播和与直播相关的工作人员。如果没有买家，商品再好、价格再优惠、场景再精致也没有任何意义。所以说，人的关键性是三者中最重要的。

货：可以理解为消费者要购买的商品，货品的好坏直接决定消费者的消费行为，物美价廉的商品会更受消费者欢迎，而米珠薪桂的商品就算被再多人看到，也很难产生购买行为。货在直播间就是我们平时所说的选品。在直播带货领域有这样的说法：直播带货最终拼的不是直播间，而是直播间背后的产品供应链。意思是说，选品不好，流量再大也不会有销量。

场：可以理解为商品的卖场，是消费者购买商品的具体环境。在直播间，可以理解为直播间的环境和产品的展示方式，直播间的环境氛围与商品的展示如果不符合商品特质，会直接影响商品的销售。因此，场景的搭建与设计非常关键。

简单来说，人指直播间流量和主播；货指直播间商品；场指直播间环境。通常的重要性依次为：人 > 货 > 场。

根据不同情况又会出现特殊现象，比如：人带货，就是主播非常有名，号召力很强，他推荐的商品价格偏高，但消费者还是有很高的购买欲；货带人，虽然主播的带货能力较差，但商品物美价廉，还是会有很好的销售成绩。本书会在随后的章节，为大家深入讲解如何才能平衡好这三者的关系。

图 7-2 两种带货模式

7.1.2 直播间带货的具体流程

不管是个人、团队还是机构，想从 0 到 1 去做一场直播带货，一定会经历这几个环节：搭建账号、布置直播间、发布短视频作品、主播直播带货、产品发货和直播数据分析。

图 7-3 直播带货的流程和步骤

（1）搭建账号：账号至少拥有 1,000 个粉丝，这是开通电商橱窗的门槛，没有橱窗，直播间不能挂售商品。还可以直接选择开通平台上的抖音小店或者蓝 V 账号，可直接获得电商橱窗权限进行带货。但建议账号至少具备 3,000 ～ 10,000 个粉丝，如果粉丝量太少，直播间会没有观众。

（2）布置直播间：直播间场景虽无具体限制，但最好光线明亮，空间宽敞，可搭配一定的灯具、音箱、显示与拍摄设备，来增强直播间的氛围。

（3）发布短视频作品：在直播前账号需要发布相关直播主题视频作品，通常为 1 ～ 3 条，内容围绕直播进行预告和引流，有时还需要对视频作品进行流量投放来增加人流。

（4）主播直播带货：一场直播时间通长为 2 ～ 3 个小时，直播过程中会搭配讲解、互动、交流和活动等多个环节，目的是让观众可以有更好的观看体验，从而带来更多的购买行为。

（5）产品发货：如果直播间带的是精选联盟商品，则无须考虑发货问题。但如果带的是自营抖音小店的产品，则需要为消费者进行发货和后端的咨询服务。

（6）直播数据分析：当整场直播结束后，需要通过后台数据对整场直播进行细致的分析，这一步非常重要，通过各项数据对比优化下一场直播。

通过以上步骤会发现，对于个人，要完成所有步骤是非常困难的，这需要非常强的综合能力。个人主播如果直播间人气较好，最好组织 2 ～ 3 人的小团队来进行带货。对于团队，直播带货流程较长，投入人力、物力较多，要注意控制成本，需要把主要精力放在流量获得与货品的选择上。

7.1.3 抖音平台的基本规则和注意事项

想要在抖音开播，其实流程很简单，只需要打开抖音 app，然后点击下方中间的"「＋」"→"开直播"→"开始视频直播"，打开实名认证界面，完成认证就可以开始直播了。

开直播对用户没有粉丝量要求，哪怕是 0 个粉丝，也可以申请开通直播，但平台要求直播出镜人要与认证信息人同步，这一点需要特别注意。蓝 V 账号允许直播时有多个不同主播出镜，而普通账号也允许多人出镜，但需要实名认证人一同出镜。

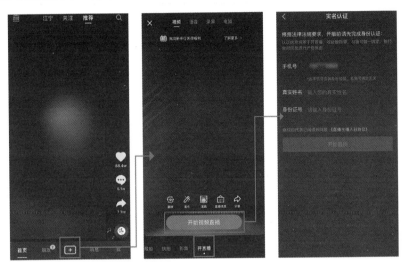

图 7-4 开播设置

在直播时，特别是新手主播经常会被平台处罚，很多主播甚至都不知道自己违反了什么规则。因此，在直播前了解《直播行为规范》非常重要，平台为开播用户准备了整套学习资料。

图 7-5 违规提醒页面

当账号开通直播后，点击"我"→右上方的三条杠→"创作者服务中心"→"主播中心"打开主播中心界面，然后滑到底部，就可以找到相关资料了。

点击"直播攻略"按钮，可以查看直播技巧、内容优化和直播规范等相关视频，建议新手看完。

点击"违规记录"按钮，可以查看账号是否违规，来判断账号状态。

点击"主播入驻协议"按钮，可查看直播签约细则，将协议滑到底部，可以点击查看《直播行为规范》了解直播时不能触犯的雷区。

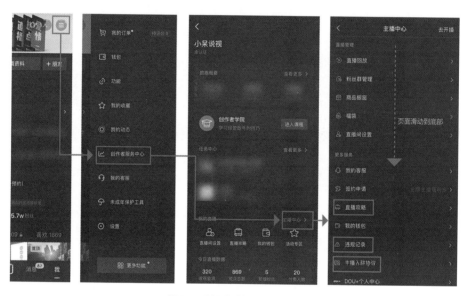

图 7-6 直播攻略与平台规则

在众多行为规范中，以下几类情况是用户要特别注意的。

（1）以下情况不允许直播：司机正在驾驶交通工具时不允许直播，当然，乘客可以进行直播，但需要系安全带。在进行带有危险性活动时，不允许进行直播。未成年人在没有家长或者监护人陪同时，不允许进行直播。用户在海外时，不允许进行直播。平台还不允许直播时转播带有数字版权的影音内容，例如电影、网剧，或者某些付费课程。

（2）直播时以下情况可能会遭到处罚：直播时不允许展示吸烟、饮酒等危害身体健康的行为，不允许展示辱骂和殴打的内容，不允许穿着暴露和展示不雅画面，更不允许展示武器和带有攻击性的内容。直播时不允许展示二维码、电话号码，或者各种与平台无关的联系方式，不允许提及其他竞品平台或者线上产品，例如淘宝、京东等。不允许以诱导用户打赏、抽奖、返利、实物和虚拟奖励的方式来获得粉丝和关注。

图 7-7 直播规则

关于直播的相关规范特别需要了解的是《直播行为规范》和《抖音网络社区自律公约》，这两套资料可以通过关注公众号"小呆说视"，回复"直播规范"来进行获得。

7.2 | 直播间的流量来源（人）

直播间的流量来源分为 3 个主要部分：账号视频、直播推荐和付费流量，本节将讲解如何才能获取流量。

7.2.1　直播间的 6 大流量来源

想增加直播间人气，就需要知道直播间的流量从哪来，每次直播结束，平台会生成一张直播人流数据图，这张图能非常直观地说明直播间流量的来源。

图 7-8 直播间数据

（1）视频推荐：用户观看到账号视频作品，通过短视频进入直播间。

（2）关注：指用户通过关注页进入直播间。通常有两个途径，一是关注页上方头像，二是首页刷到的直播推荐。

（3）直播推荐：指通过直播广场进入直播间的用户。

（4）其他：指一些无法统计和抖音以外的流量来源，经常会有用户将直播间分享到微信等其他平台，这部分主要指站外流量。

（5）同城：来自同城和附近的用户流量。

（6）直播 DOU+：通过购买 DOU+ 引导用户流量。

图 7-9 PC 端直播间数据

通过关注和视频推荐进入直播间的用户，通常停留的时间会比较长，多数用户是已经关注了主播的粉丝，忠诚度较高。而通过同城和直播推荐进入直播间的用户，很可能是第一次来到该账号的直播间，对主播没有印象，跳出率自然会比较高，停留时间会比较短。

所以说，对于流量质量而言，通过关注和视频推荐进入直播间的用户流量质量较高，这部分流量可以通过增加账号粉丝和提升视频作品质量来增加。

从上图中的两个入口进入直播间的，都统计为关注流量

图 7-10 关注类直播间

对于直播带货类账号，会更看重直播推荐的用户流量，往往这部分用户流量来自直播广场，消费习惯会更强，一旦推荐精准，会更容易达成销售。这部分流量，需要通过增加直播间权重和流量付费通道来获得，直播间权重的获得技巧会在随后的章节展开讲解。

直播广场入口比较多，可在抖音首页点击左上角的"直播"按钮进入广场，或者在直播间点击"更多直播"按钮进入直播广场列表。

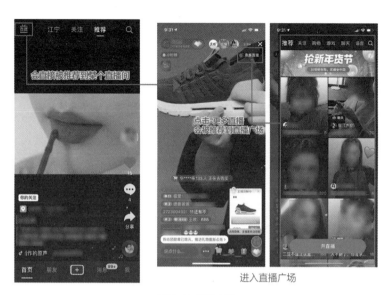

进入直播广场

图 7-11 直播广场

对于地方的区域账号，会更看重同城的用户流量，想要获得同城流量推荐，需要主播打开同城推荐，并在平时制作视频作品时，多添加地区标签和多吸引地区用户关注。

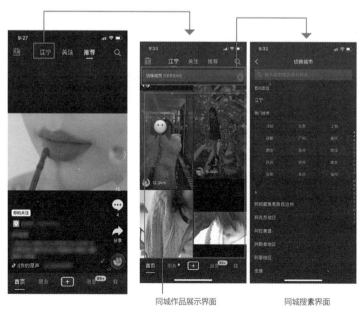

同城作品展示界面　　　　同城搜索界面

图 7-12 同城直播间

在抖音首页不同地域会有不同城市分类，点击相应城市名就会看到同城创作者们制作的视频和进行直播的直播间。

付费流量目前主要分为：DOU+ 付费流量和 feed 流付费流量两种（截至 2021 年 3 月）。DOU+ 针对个人用户，最低投放金额是 100 元（不需要开户），见效快但没有持续性，主要针对直播间、短视频和账号加热。feed 流针对企业用户，最低投放金额是 1,000 ~ 2,000 元（需要开户与企业资质）见效慢，但持续性较长，主要针对直播间和短视频加热。

主播需要根据实际需求，有针对性地提升账号所需要的精准用户流量。

DOU+付费流量

巨量引擎-feed流付费流量

针对：个人用户

针对：企业用户

最低投放金额100元（不需要开户）

最低投放金额1,000～2,000元

见效快，但没有持续性

（需要开户与企业资质）

针对直播间、短视频和账号加热

见效慢，但持续性较长

针对直播间和短视频加热

图 7-13 两种主要的付费流量

> 因篇幅有限，流量投放技巧在这里不展开讲解，想更深入了解的读者可关注公众号"小呆说视"，然后回复"直播间投放技巧"获得更多知识。

7.2.2　直播间带货短视频的制作技巧

目前除付费流量外，直播间的主要流量来源还是账号的短视频作品。为直播间引流的短视频作品和其他短视频作品在制作和应用上有着截然不同的要求，比较集中的特征有 3 个。

（1）为追求更好的完播率，直播间引流短视频作品时长更短，通常在 15 ~ 30 秒左右，甚至会更短。

15-30秒　-核心展示目的- **讲述产品**　**>1-3条**

图 7-14 带货视频的 3 大特征

（2）短视频作品内容主要围绕产品进行描述，这样的短视频作品把带货作为核心展示要点，强调产品的重要性。

（3）为了能让直播间获得更多流量，在作品更新频率上也会更为密集。直播前甚至会连续更新 3 ~ 5 条短视频作品，甚至更多，以此来为直播间引入流量。

直播带货类短视频通常分为 3 大类。

（1）产品推荐类，视频内容以推荐产品为主。

描述方式会以福利（优惠）突出产品的优惠力度，以此来吸引用户；

进行产品测评（专业），突出主播的专业性，以此来吸引用户；

以朴实忠厚的形象（人设）进行推荐，突出主播与产品相关的个人魅力，以此来吸引用户。

福利推荐法（优惠）　　　　　产品测评法（专业）　　　　　朴实推荐法（人设）

图 7-15 产品推荐类带货视频

（2）试听效果类，视频内容以展示产品的视觉效果为主。

描述方式以主打视觉效果、动感效果和节奏卡点进行推荐，利用声效的观赏性来放大产品在观看上的优势，以此来吸引用户和消费者。

亮丽的颜色（视觉效果）　　　　动感造型（视觉效果）　　　多彩+节奏卡点（视觉效果）

图 7-16 视听效果类带货视频

（3）创意推荐类，将带货与影视作品、段子和日常生活进行结合，达到既有观赏性和趣味性，又有带货效果的体验。

"麻将"+带货　　　　"赌场"+带货　　　　"刑侦"+带货　　　　音效+带货

图 7-17 创意推荐类带货视频

短视频作品无法通过纸张进行展示，需要通过扫描下方二维码进行观看。

短视频案例
3 种类型的带货类短视频合集

7.3｜在直播间要怎样带货（货）

产品的好坏直接决定了能不能成功直播带货，本节将告诉大家，如何才能进行带货，怎样才能找到质量相对过硬的产品并进行带货。

7.3.1　怎样在直播间进行带货

前面已经讲解了带货的先决条件，如果没有店铺（抖音小店、商品橱窗等）就只能带其他店铺的商品，如果有店铺就可以带自己的商品。在抖音应用得最多的带货渠道是商品橱窗和抖音小店。具备开通条件后根据引导步骤，完成开通流程，就可以开通抖音小店或商品橱窗了。

图 7-18 抖音小店与商品橱窗的开通方法

商品橱窗带货流程

开通商品橱窗后，在首页点击"商品橱窗"→"添加产品"→"搜索商品"或"商品链接添加"添加产品。当其他用户来到账号首页，点击商品橱窗就可以看到相应产品。

图 7-19 在商品橱窗添加产品的方法

短视频带货流程

开通商品橱窗并添加产品后，在短视频发布编辑界面，点击"添加标签"按钮可看到商品选项，点击商品选项选择相应商品，点击添加按钮即可编辑商品展示标题和封面，编辑完成后发布视频作品，其他用户就能看到短视频中携带的产品链接了。

图 7-20 在短视频中添加产品的方法

直播间带货流程

开通商品橱窗并添加产品后，在直播开始界面点击"商品按钮"，可以看到各种商品，点击相应商品后的"添加"按钮即可完成添加。当主播点击"讲解"按钮时，用户会在直播间看到产品的小浮框。

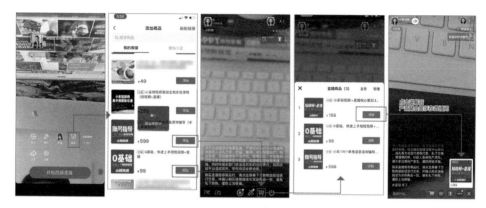

图 7-21 在直播间添加产品的方法

特别要强调一下，第三方平台的产品链接自 2020 年 10 月后无法在抖音直播间进行带货，只能在产品橱窗和视频中进行带货。平台随后还会有更多相应调整，这需要以平台最新规则为参考。

开通抖音小店，除需要相应营业执照外，对于不同品类的商品还有特殊要求。

例如，想开通具备销售图书资质的小店，就需要办理出版经营许可证；想开通销售课程相关产品的小店，就需要有教育资质的营业执照；想开通销售食品相关产品的小店，就需要食品经营许可证，等等。这部分资质介绍，可以在抖音小店官网进行查看，本书就不展开讲解了。

7.3.2　根据账号定位进行选品

不同类别的账号适合销售和推荐的产品是截然不同的，明星和网红可以在自己的直播间销售各种品类的产品，但普通主播却很难办到。

因为普通主播不具备明星和网红的号召力，也很难像他们那样拿到非常低的产品价格。因此，对于普通主播，我们需要根据账号定位的人物特征和账号粉丝属性进行选品，这样会更有优势。

账号要带什么货往往都是前期决定的，需要根据未来要带货的特征为账号做定位和选择相应的主播，并且进行视频创意和策划。不建议先进行没有目的的涨粉，再考虑带货，这样很难做到精准。

账号内容定位 →	人物人设 →	粉丝人群 →	对应选品
穿搭时尚分享	25~30岁年轻时尚女性	25~30岁女性	女性时尚服装
新疆农事生活	40岁勤恳农民	对农产品有兴趣的人群	蜂蜜、苹果、红枣
英语知识分享	30岁外语老师	要学习英语的人群	英语图书、英语课程
带宝宝的技巧	30岁新宝妈	刚有宝宝的家长	婴幼儿相关用品
拍摄技巧分享	从业10年的摄影师	喜爱摄影的人群	摄影器材、摄影课程和图书

图 7-22 主播人设定位分析

如果出现了先有粉丝，然后考虑带货的情况，那么就需要先对账号的粉丝特征进行相应的分析，然后再考虑带什么货品。

7.3.3　选品的常用渠道

（1）抖音精选联盟，打开账号首页的商品橱窗，然后点击"添加商品"按钮，就可以进行商品的查找和带货了，这是抖音官方电商商城。在这里有大量产品可供选择，如果开通了抖音小店，并且拥有精选联盟功能，那么，其他账号也可以带你的货品。

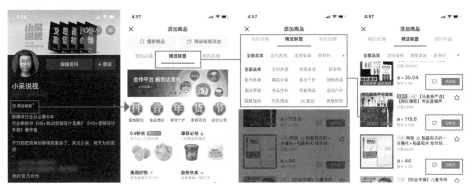

图 7-23 精选联盟

（2）淘宝商品添加，在 PC 端搜索阿里妈妈，登录官方网站，然后申请阿里妈妈账号并开通淘宝客，就可以选择产品并添加到抖音商品橱窗了，这部分操作比较烦琐，就不展开讲解了。

用户也可以直接将淘宝网的产品链接复制到抖音商品橱窗，但很多产品的添加可能是无效的。大淘客、京东、苏宁和唯品会等商场的部分商品也可通过这种方式在抖音进行带货，但并不是所有产品都支持直接复制链接到抖音商品橱窗。

图 7-24 阿里妈妈首页

（3）阿里指数，如果想了解目前热门产品和爆款产品，可登录阿里指数网站进行查询和了解，在这里可以看到产品数据分析和相应热门情况。

图 7-25 阿里指数

（4）1688 网，如果想要获得产品最低价并直接和厂家进行合作，可以登录这个网站。在该网站，可查询产品的真实进价，很多产品的售价要比淘宝网低，并且支持代发货、一件发货等便利服务。但该网站主要面向商家，购买产品时需要一定的起购量。

图 7-26 1688 网

在选品过程中，可通过以下 3 个维度选择适合的产品。

选品的维度

认知维度

产品品牌
产品的品牌有无较好的认知性
是否是知名品牌，好的品牌能够影响
消费者的决策

产品口碑
产品在市场上的真实口碑究竟如何
推广力度是不是足够大
认知度是不是足够高

体验维度

产品质量/实效
产品的使用体验是不是足够好
效果是不是足够明显

产品价格
产品的价格是不是足够有竞争力
和同类产品相比是不是有优势

收益维度

产品佣金
产品的佣金是不是足够高
可以保证主播的收益

渠道商可信度
合作的商家是不是可信
中途会不会出现意外情况

图 7-27 选品的纬度

在带货前需要先了解该产品的品牌和行业口碑，这是用户购买商品前最看重的，最好详细了解相关情况。

主播最好先购买样品并进行试用，这样可以确保带货过程顺利进行，并且需要详细了解相应发货与后端服务，避免消费者遭受较差的购买体验。尽量通过调查了解产品实际使用情况和实际销售价格，确保在推荐时做到心中有数，避免消费者遭受较差的购买体验。

要了解产品分佣金额和商家的行业口碑，有些商家会设置一些陷阱和骗局坑害用户和主播。

从以上关键点进行选品能够帮助主播减少不必要的麻烦。如果带的货出现问题，主播将会是第一责任人，会长久影响个人形象和未来的一切活动。

> 由于篇幅有限，关于选品的相关技巧分享在本书就先点到为止，如果想了解更多直播带货技巧，请关注公众号"小呆说视"，回复"直播带货"，可查看相关内容。

7.4 | 如何打造直播间（场）

直播间的场景打造，主要是用来承接流量和凸显直播产品的优势，只有合适的场景和气氛才能更好地促成销售和转化。

7.4.1 直播间的设置技巧

关于开播时间，什么时段直播最好？通常平台用户最活跃的时段是每天晚上 20:00 ~ 23:00，这个时段在线用户量最大，互动频率最高。但不建议新手主播在这个时段进行开播，因为在这个时段大主播开播密集，新手主播很难抢到流量。所以，建议新手主播避开密集时段。那么，哪个时段更适合呢。建议新手主播进行一个全时段测试，不同账号流量活跃时段截然不同，有可能是上午也有可能是凌晨，通过测试并且结合账号后台用户活跃数据确定开播时段。如经常直播，建议直播时能够保持一个固定时段，这样能够让粉丝形成习惯来观看直播，同时，在账号信息中更新直播相关信息，让更多粉丝了解日常直播动向。

图 7-28 在直播间首页设置预告时间

在开播前需要完善的直播间设置

（1）设置直播间封面：建议使用与直播间相关的封面图，最好是能够概括主题并具备吸引力的封面图。

（2）直播间标题：通常标题只有 5 ~ 8 个字符，需要能非常精炼地讲清楚直播主题。

（3）直播间位置：添加位置信息，有利于吸引同城用户进入直播间，帮助直播间增长人气，尤其是区域类账号，特别需要增加位置信息。

（4）话题标签：添加话题标签，可以让当前游览该话题的用户看到直播内容，从而增加直播间曝光度。

截至 2021 年 1 月，抖音直播间基础设置为以上 4 项，需要主播完成设置后再开播，这样对增加直播间人气有很大帮助。

三种直播形式：视频、语音、计算机
视频和语音为最常见形式，计算机直播游戏居多

点击此处可以直接编辑标题（5~8个字符）
要把此次直播的核心点用一句话讲出来
例如：纯干货分享、全场洗护特价、2021年最后的狂欢

点击此处可以添加城市位置
可以添加你目前所在的城市，不能添加其他城市

点击此处可以添加#标签话题
可以添加你直播内容对应的#话题，来增加直播间的曝光度

直播间的基本设置
商品添加、美化、分享、设置等功能，都在
这里进行编辑和完成

图 7-29 直播间设置

在直播过程中这些技巧可以增加人气

当每场直播结束后，能看到一张数据图上面分别记录了：收音浪数、观众总数、新增粉丝数、付款人数、评论人数和点赞次数这 6 个数据。

收音浪数   观众总数   新增粉丝数   付款人数   评论人数   点赞次数

图 7-30 直播间的 6 个数据

（1）尽量增加用户停留时长：用户在直播间停留时间越长，越有利于直播间被推荐给更多的人。

（2）直播间音浪数：直播间音浪收入越高，越容易登上直播间小时榜，让直播间被更多人观看到。

（3）激励用户更多地参与评论和转发：直播间公屏评论数越多，直播间被分享转发的次数就越多，直播间就越容易被平台推荐给更多用户。

（4）引导用户更多地加入粉丝团：加入粉丝团的用户会在主播开播时收到开播通知，因此，粉丝团用户越多开播时收到通知的用户就越多。

图 7-31 直播间粉丝团

（5）引导用户在直播间点赞：直播间获赞数量的多少会直接影响直播间被推荐次数。

（6）直播间达成交易数量：直播间商品销售数量也会直接影响直播的被推荐情况。

总体来说，影响直播间人气的关键点有 6 个：直播间用户停留时长、直播间音浪收入、直播间评论和转发量、直播间点赞数、粉丝团用户数量和直播间销售量，随着平台版本的更新，未来还会有更多参照标准。

主播在直播时，要借用相关运营手段来提升直播间的人气。

7.4.2 直播间的场景打造

进入直播间的第一感觉决定了用户对主播以及直播间产品的印象。直播间的场景氛围，会直接影响用户的停留时长和消费行为。所以，不管是什么主题的直播，都应重视直播间的气氛打造。

直播间类别可以分为以下 4 种

（1）知识主播类：一般以传授知识为主，场景更像课堂的氛围。

（2）带货主播类：一般以销售产品为主，场景更像商场的氛围。

（3）秀场主播类：一般以脱口秀和表演为主，场景比较有综艺感或者舞台的气氛。

（4）其他主播类：还有很多纪实性、功能性、采访性和特殊形式的直播，这些我们统称为其他类别。

图 7-32 四种直播类别

首先要明确，直播间整体气氛要和产品主题保持一致，这样进入直播间的用户才能在最短的时间内判断出直播间所要直播的内容。虽然都是卖场直播间，但是因为产品不同，所以直播间呈现的气氛也截然不同。

图 7-33 不同风格的卖场直播间

以下面这 3 个直播间为例进行讲解。

水果带货直播间，选择在原产品采摘现场进行直播，这样的场景有很强的纪实感，会给用户原汁原味的感受，对产品品质非常有说服力。

知识分享类直播间，直播间有黑板、教具等元素，场景营造出了一种课堂氛围，有学习知识诉求的用户会更愿意留在这样的直播间。

服装带货直播间，用特意打造的精致场景来凸显服装的价值，通过场景氛围为服装加分。

图 7-34 水果批发、教学干货、服装销售直播间

货品的特性决定了直播间的氛围，可以多参考同类产品直播间的打造方式，来优化自己的直播间。直播间的氛围打造，通常包括：环境、人物和形式这三个维度。

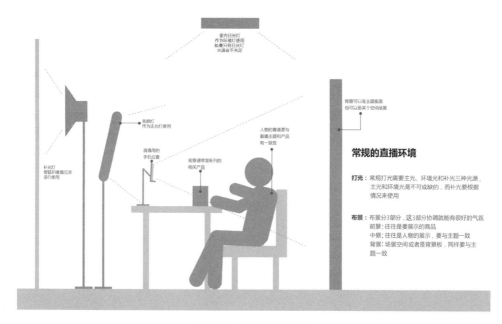

图 7-35 直播间的基本设置

环境：包括前景、背景和光线这三个主要因素。

人物：指直播的角色特质，通常可以通过人物的装饰来强化人物的形象。

形式：指直播方式，直播画面构图大小和取景角度，以及主播的直播状态：是坐播、场景

播、站播，还是走播。

直播时，因为观看设备主要以手机为主，用户观看视野较小。所以，要特别注意直播间的光线，光线要非常充足，常规照明是不足的，往往需要进行补光。直播时，收音需要非常清晰，如果主播和手机的距离超过 1 米，建议采用收音设备进行收声。

7.4.3 直播间脚本设置与编辑

做一场直播就像做一场活动，需要有计划，不管是专业团队还是个人，在进行直播时都要有
脚本的概念，下面是一张专业直播团队的脚本示意图。

图 7-36 直播脚本示意图

这样的脚本看上去很复杂，不容易理解和应用，那么简单来说，策划一次直播需要考虑以下
几个因素：直播主题、直播目标、开播时长、直播分工、直播计划和直播排品。

直播 主题	→	直播 目标	→	开播 时长	→	直播 分工	→	直播 计划	→	直播 排品
为什么要开这场直播 这次直播目的是什么		要达到什么业绩 要达到什么测试效果		什么时候开始 要直播多长时间		需要几个主播 多少个运营人员		要安排多少产品 要安排什么价位的产品		产品的推荐顺序 直播期间产品的活动安排

图 7-37 直播脚本的主要部分内容

（1）直播主题：每场直播就像每个短视频作品，要有明确的主题，直播要干什么，是要带
货还是教学讲干货。

（2）直播目标：是追求销售业绩，还是要完成粉丝转化，还是要达到多少观看人数，直播
前需要制定合理的目标。

（3）开播时长：直播需要计划开播时长，一场常规直播一般是 2～3 个小时，有时会出现
连续直播的情况，甚至还会出现几天几夜不下播的情况。

（4）直播分工：在直播间主播需要进行口播，所以在直播间要有相关运营人员辅助主播进行管理。在直播间需要有场控人员进行直播间引导和互动，需要有运营人员在直播间进行排品和改价格，就算是个人进行直播，在人气较高时，也至少需要一名场控人员来进行引导和互动。

（5）直播计划：一场直播要推荐多少个产品，要和观众互动什么内容，都需要提前演练好。最好能够提前设置单品脚本，对每个产品都做好相应的描述和介绍，确保直播时，能够全面地介绍相关产品。

（6）直播排品：一场直播的商品是需要有层级设计的，要有福利款、口碑款、盈利款和普通款等层级设计。福利款可以增强用户友好度，引流款可以带来更多流量，而盈利款和普通款可以进行盈利，多种产品搭配来进行带货，才会有更好的效果。

	福利款	口碑款	盈利款	普通款
特性：	秒杀、特惠、特价	成本价、大品牌	利润高、能赚钱	利润正常
作用：	为直播间引导流量	提升直播间的口碑	为直播间带来盈利	丰富直播间品类
使用：	在刚开始直播时说明但在最后再进行销售以此来留住更多用户	通常在直播带货最开始给用户一个好的印象让他们知道这里有好货	一般在直播的中间时段这时用户性质最好体验相对较好，容易下单	丰富每次直播间的品类这些品会安插在带货过程中

图 7-38 直播间产品设计

一场直播带货的观看体验可以分为这几个部分，相关介绍、用户互动和产品销售，不能只估计带货，也不能只做介绍而忽视带货。给大家一个参考比例图，根据比例图，来合理安排直播内容。

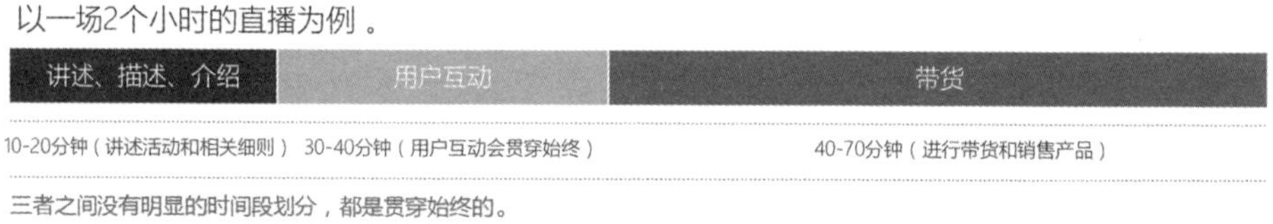

以一场2个小时的直播为例。

讲述、描述、介绍	用户互动	带货
10-20分钟（讲述活动和相关细则）	30-40分钟（用户互动会贯穿始终）	40-70分钟（进行带货和销售产品）

三者之间没有明显的时间段划分，都是贯穿始终的。

图 7-39 直播间内容密度设计

7.4.4 如何成为一名优秀的主播

主播的工作看似简单，但其实并非如此，一场直播需要高度集中的注意力。一方面要完成相关活动的描述与产品介绍；另一方面，要时刻注意观众的反馈和留言，并进行有效的互动。同时还要拥有快速的反应和语速，并且保持一个良好的精神状态。

正常人连续直播 2 小时会精疲力尽，而专业主播，有时甚至要连续直播 8 个小时，而作为一名优秀的主播，以下几项技能最为关键。

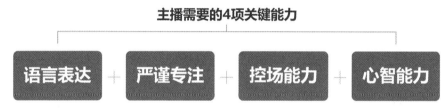

图 7-40 主播需要的 4 项关键能力

语言表达

经常看直播的朋友会发现，那些大主播的语速都是极其快速的，并且吐字清晰，表意明确。因为直播间是公域流量，所以人流量非常巨大，很多人在直播间稍作停留就会离开，所以，对于主播来说，需要有非常强的口播能力，这也是优秀主播的一项基本素养。

严谨专注

因为直播平台规则较为严格，违禁词较多，并且每次直播活动，都有大量内容需要提前记忆，这就要求主播在口播时，不仅要速度飞快，而且还不能出错，更不能讲违禁词，所以主播需要非常细心和严谨。

控场能力

主播在直播时，不仅要进行带货和讲解，还要时刻关注观众的留言并进行互动，时刻引导用户关注主播账号，成为账号粉丝，并且能够很好地调整直播间的气氛，这就是控场能力。要让直播间的观众有被关注的感受，这项能力也是衡量主播是否优秀的重要标准。

心智能力

直播间经常会出现在线人数的巨大波动，当观看人数极少时，主播依然要能够保持较高的积极性来进行直播，而当观看人数暴涨时，主播也要保持心态上的平稳，继续进行直播。这项能力是需要时间慢慢进行训练的，新手主播往往会因为直播间人数的波动，在心态上形成巨大的起伏。

关于优秀主播素养的相关标准，通过网络可以找到很多参考资料，但在我看来，这 4 项标准是最为关键的 。

直播和直播带货这个近年才兴起的新兴行业，目前还在逐步发展中，而本章只能对它进行大致的介绍，希望能对读者朋友有启发。

> 想获得更多关于直播的知识和素材，可以关注公众号"小呆说视"，然后回复"直播带货"来获得更多资料。

下一章将会讲解如何分析我们的账号，以及作品的相关数据。

第 8 章
账号作品的
数据分析技巧

>

8.1 | 账号数据的来源与查看

想要分析数据，就应该先知道怎么查看作品和账号的数据，数据样本越多可分析的维度也就越广，那么怎样才能看到详细的数据呢？

8.1.1 如何查看账号数据

每个视频作品的页面都会显示相应的数据：播放量、点赞量、留言量和转发量。这些都可以通过浏览短视频作品直接查看，而更详细的数据则需要账号获得 1000 粉丝后，开通权限后进行查看。

图 8-1 账号首页显示的数据

点击首页右上角的三条杠→"企业服务中心"→"查看更多"，打开数据中心查看账号数据。企业账号数据页面与普通账号数据页面有一定差别，但内容基本一致。

还可以在 PC 端登录抖音官网，单击"创作服务平台"→"视频数据"或"直播数据"，进行数据查看，PC 端页面数据展示内容与移动端页面数据展示内容有一定的差异。建议结合 PC 端与移动端一起进行数据查看，PC 端数据展示较为全面。

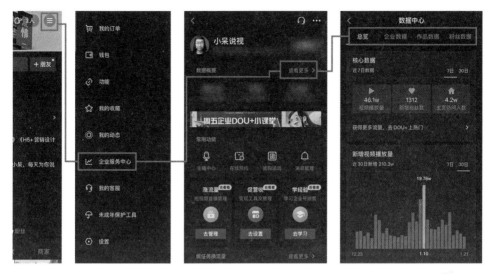

图 8-2 移动端数据打开方式

图 8-3 PC 端数据打开方式

可参考的数据通过后台工具变得更详细，除了可以查看 4 大主要数据，还可以了解账号与作品的粉丝变动情况、主页访问情况、账号的粉丝画像、粉丝的标签与年轻分布，以及粉丝的地域特征和设备情况等信息。

8.1.2 通过第三方工具查看账号数据

当然，除平台官方数据查看工具外，如果想要获得更加全面的数据样本，还有一些第三方数据工具，可以为账号提供更全面的数据。常用平台有飞瓜数据、蝉妈妈、波动师、新抖等平台。这些数据工具会提供一定的免费功能给用户，但核心功能需要额外支付费用才能解锁。当然，还有官方数据平台可以给你更加精准的数据，如果你要了解直播数据，可以使用巨量百应、如果想查看更多短视频案例，可以使用巨量创意。

图 8-4 常用的数据工具

第三方平台数据更为全面和深入，但并不完全准确。或者说，根本不存在所谓的绝对精准的数据样本平台，所有检测数据的准确性都是相对的，包括官方数据平台。数据平台的检测结果只能作为参考来辅助创作者了解作品质量与反馈，建议多个平台对比分析。

8.2 | 数据分析技巧

8.2.1 最值得关注的数据指标

平台在推荐作品时，所参考的数据指标极其复杂，创作者不可能了解所有相关规则。而且抖音平台是智能算法推荐机制，每天推荐作品的规则都会有相应的变化，不存在所谓的通用标准和公式。

对于创作者，首先要关注的数据指标是作品的播放量、点赞量、留言量、分享量和完播率，其次需要关注的数据指标是：账号主页访问量、作品粉丝增长量等数据。而播放量的大小直接受点赞量、评论量、转发量和完播率这 4 组数据所影响。

5大主要数据指标

播放量	点赞量	留言量	分享量	完播率
了解推荐情况	了解用户喜好	了解用户感受	了解用户分发	了解用户耐性

4大参考数据

主页访问	时间热度	粉丝参数	杂项参数
了解主页访问量	了解活跃用户时段	了解活跃增长情况	粉丝标签情况
		了解粉丝比例	人群活跃度
		了解粉丝属性	人群分布程度

图 8-5 重要数据

点赞量，最直观的数据。需要打开数据中心，选择相应作品，在点赞分析区查看点赞量数据曲线图。点击查看视频，后台会对作品进行播放，同时显示曲线图，而曲线走势较高的波峰就是用户点赞最集中的内容点。

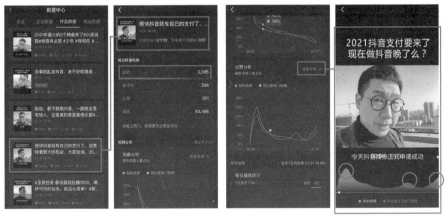

图 8-6 查看点赞数据曲线图

创作者可以通过曲线图走势，判断出每个短视频在什么时段的点赞量是最为密集的。往往点赞量密集的时段就是创作者要记录和研究的内容点，这些内容点是触发用户点赞的关键。

图 8-7 点赞数据曲线图

有一个小技巧，在创作作品时，创作者可以有意识地将记得给我点个赞、感觉内容好的别忘记点个赞、是不是忘记给我点赞了等引导性用语融入作品的开头或结尾。然后通过观察数据进行描述与表达的优化，下方示意图就是通过这样的方法，在作品结尾处通过引导语，帮助作品获得了超过 20% 的点赞量。

图 8-8 点赞测试数据曲线图

完播率，最重要的参数。同样需要打开数据中心，选择相应作品，找到观看分析的数据曲线图，然后点击查看视频。这时后台同样会对作品进行播放，同时显示曲线图，波峰下滑太快的部分就是用户大量流失和跳出的部分，而波峰非常平稳的部分，就是用户大量留存的部分。

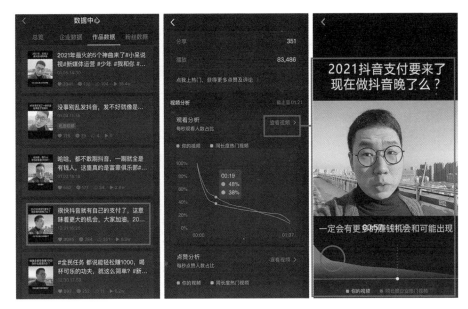

图 8-9 完播率数据

通常来说，视频的前 3 ～ 5 秒会出现一个波峰的极速下滑，这是正常现象。如果在视频中段或者后段出现类似情况，一定就是作品内容出现了问题。

所以，我们要查看每个短视频作品的波峰走势，对于波峰平稳部分的内容要做记录，了解用户能够留存的原因，而对于波峰下滑部分的内容也要做记录和总结，避免出现类似情况。经过多个作品分析后，创作者会更了解如何提高作品的完播率。

图 8-10 完播率数据曲线图

8-10.1 的完播率曲线图，是一个比较良好的状态，整体用户跳出率比较平稳也比较缓慢，而这个作品的播放量也非常高，是该账号日常作品的 50 倍。

从 8-10.2 的完播率曲线图中，我们可以看出主要问题集中在作品的前 5 秒，用户在这个阶段跳出率太高，这就证明了这个作品的选题和开场有巨大的问题。

从 8-10.3 的完播率曲线图中，我们可以看出主要问题集中在大概 20 秒的位置，用户开始大量跳出，这就证明了这个时间段的内容是有巨大问题的。

新手容易陷入的一个误区是短视越短越好，因为完播率会很高，听上去很有道理，但其实不是，不同时长的短视频平台对其审查的指标是完全不同的。

所以，没必要为了短而去制作视频作品，当视频太短时就算完播率很高，也不一定会被推荐。况且超短类视频（5 ～ 10 秒的短视频）很难获得粉丝的关注，能够讲述的内容也非常有限，对人设的建立也非常不利。不管视频是长还是短，前提都是把要表达的内容讲述清楚。

创作者在制作短视频作品时，确实要追求简练、精干和短小，但前提是把想要表达的内容讲述得足够清楚，切莫为了短而缩短视频，这样就本末倒置了。

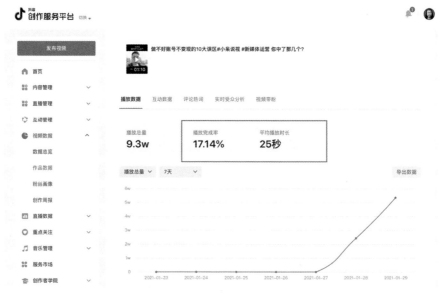

图 8-11 PC 端完播率曲线图

转发量的多少，决定了作品被保存价值的高低，想提高转发量，就需要在作品中融入更多有稀缺性的内容和观点。例如犀利的评价、有价值的素材、有营养的知识，这些内容有助于提高转发量。

评价量也至关重要，如果作品的评论较为精彩，还能增加完播率、点赞量和粉丝量的增长，是非常重要的数据指标。想要增加作品评论量，需要在作品中融入一些比较有反差的观点和结论，这样更能激发观者写留言。同时，创作者也应该在自己的每个作品下方先进行留言，主动去做留言引导。通常每个新作品先进行 2 ~ 3 条留言，并积极地回复其他用户的留言，这样能有效激发更多留言。

例如下面这些引导留言：

你更赞同谁的观点？

你遇到的情况是不是与我类似？

希望大家别光看留言，还要记得给我点个赞！

这就是我的看法，你认同吗？

账号赞粉比在账号首页，创作者可以看到账号的总点赞量和总粉丝量，而二者之间的比例在一定程度上能说明该账号内容的价值和粉丝的活跃度。口播类账号通常的赞粉比在 3:1 ~ 5:1，剧情娱乐类账号通常的赞粉比在 6:1 ~ 10:1。

如果账号的赞粉比达到了 2:1 甚至是 1:1，则可以很直观的证明该账号的内容价值较高，粉丝活跃度较高。相反，如果账号的赞粉比远远低于 10:1，那说明该账号的内容价值较低，粉丝活跃度较低。

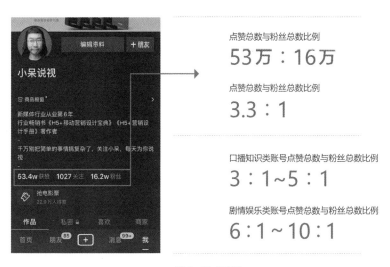

图 8-12 赞粉比

如果删除了相关作品，那么相关作品的点赞量会直接丢失，但如果隐藏该作品，则总点赞量不会丢失。所以，尽量不要删除作品，因为会丢失点赞数。也因为这个原因，创作者很难判断其他账号的赞粉比是不是比较客观的数据，因为无法了解其他账号是不是有作品删除的操作。

作品赞播比是指每个作品的点赞量与播放量的比例，优质的赞播比是没有绝对答案的，每个品类和每个不同时段的赞播比的判断都是不同的。给大家一个最为广泛的参考值，以 500 播放量为单位，如果作品的点赞数能达：30+ 次、评论：10+、转发：5+、以 60 秒为长度，完播率达到：18%；以 10000 播放量为单位，如果作品的点赞数能达到 500+ 次、评论：80+、转发：50+、以 60 秒为长度，完播率达到：15%，以此类推，可视作互动率数据比较好。抖音创作者在不断激增，每个季度，互动率的评判参数都会有较大的变化，而每天，对于作品的互动率标准也都不同，千万不要迷信有什么统一标准，这是不存在的。

500播放量 - 30多点赞   10000播放量 - 500多点赞

图 8-13 播放量与点赞量关系

当然，影响作品上热门的因素较多，点赞量只是其中一项数据，但通过这个方法，可以大致判断其他账号作品的播放量。

创作者需要关注每个作品，了解作品数据，然后不断优化和升级数据指标。通常对单个作品的分析要达到一定数量后才能掌握规律，至少要在 10 ～ 20 组左右。所以，创作者切莫心急，账号运营与分析是一个长久的过程。

关于直播间的数据分析，在上一章已有相关讲解，目前官方数据后台开放的数据内容还比较有限（截至 2021 年 3 月），后期，平台还会开放更多数据内容。

8.2.2 通过搜索与测试优化作品

在账号运营初期，如何选择账号的内容？创作者需要借助第三方数据工具，进行账号查找与研究。大多数数据平台都具备这项功能，本书以飞瓜数据平台为例，在平台的首页创作者可以重点关注排行榜功能分类。

涨粉排行榜与成长排行榜

它们是最近抖音平台涨粉和成长最快账号的排行榜，这些账号的内容形式往往都比较新颖，特别值得新入局的创作者参考与研究。

图 8-14 第三方数据平台

地区排行榜

它是针对特定城市的区域排行榜，能帮助创作者快速找到该区域账号，对于创作同城账号的创作者帮助巨大。

蓝 V 排行榜

它是帮助商家寻找对标账号的分类榜，可以让商家找到对应行业和相关账号。

通过工具的搜索功能和行业标签，创作者能够找到想要了解的各领域账号，帮助创作者快速找到对标账号。

在作品创作过程中，为了解作品的实际用户反馈，还需要对作品进行内容测试，这样的行为在专业领域的学名叫作 A/B Test。

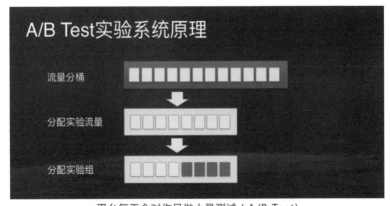

图 8-15 A/B Test 原理图

简单来说，就是针对同样的作品内容，在制作和表达时采用不同的思路。例如，更换不同场景、使用不同语速、使用不同剪辑方式、使用不同文案标题、使用不同时长等方式进行制作。

可以将一个作品，制作成多种形式的视频来进行测试，通过这种方式寻找最适合账号的内容形式和风格，每次进行测试的变量不要太多。比如选题是制作高清视频讲述方法的作品，在脚本内容不变的前提下，可以设计成不同的测试版本。

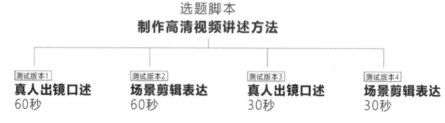

图 8-16 视频测试

测试版本 1：时长 60 秒，采用真人出镜口述的形式来讲述，测试纯口播形式是不是更受欢迎。

测试版本 2：时长 60 秒，采用场景表达的形式来讲述，测试复杂的场景是不是更受欢迎。

测试版本 3：时长 30 秒，采用真人出镜口述的形式来讲述，测试时长是不是更为关键。

测试版本 4：时长 30 秒，采用场景表达的形式来讲述，测试时长是不是更为关键。

在测试时，作品一定是同一主题，并且在上传作品时，尽量做到有规律，可以以天为单位，固定在规律时间段进行隔天上传，这样测试效果会更好。测试的过程是一个反复的过程，对测试效果不佳的作品可以进行隐藏，这样就不影响用户对账号作品的观看了。做测试的账号最好有一定的粉丝量并且已经开通后台数据查看功能，这样，反馈会更直观。如果没有粉丝，也可通过投放 DOU+ 来进行弥补，但需要投入一定资金。

如果想更深入地了解关于抖音账号的相关数据分析，可以关注公众号"小呆说视"回复"数据分析"，可以看到包括经典算法模型等一系列数据分析资料和文章。

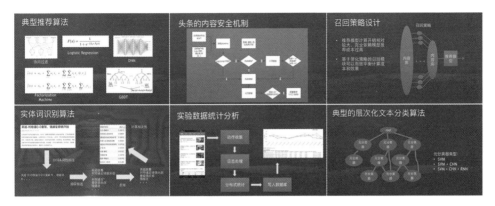

图 8-17 经典算法推荐示意图

抖音是智能算法推荐机制，行业内流传这样一句话：一个月一小变，三个月一大变，永远不变的就是变化本身，这就是抖音。创作者在运营账号时，如果出现瓶颈也可以通过这样的测试方法，来寻找新的内容和突破口。

下一章，将带来一系列行业从业者的专访，希望你能通过他们的分享，收获更多知识。

第 9 章
创作者专访

>

9.1 | 武者谢师父
一名武术家的抖音之路

谢师父是我辅导过的学生中涨粉最快的。

在 3 个月的时间里，粉丝从 0 增长到了 280 万。作为传统实体培训行业的从业者，能获得这样的好成绩，谢师父是怎么做到的呢？

在账号运营的过程中，谢师父又经历了什么，抖音又为他带来了怎样的改变。

通过这篇专访，希望你能够有所收获。

图 9-1 谢师父账号头像

1. 是什么契机让你成了抖音达人

我们是做传统的线下培训的，所以之前不太在意像抖音这样的自媒体平台的曝光。对实体培训机构而言，最有价值的人群都在半径 1.5 公里的范围内，超出范围的人群就很难获得了，也没有太大的价值。

但是，我的观点被一个学员改变了，他就是"钢铁熊"，在抖音平台上也是一名知名度较高的网红，通过他我们了解到，抖音的很多功能远比我们想象的要丰富。更重要的是，对于创作者来说，拍抖音本身就是一件很有意义并且很有意思的事情，于是在 2020 年的 7 月份，我开始了我的抖音创作。

2. 你最初做抖音的目标是什么？在这个过程中又经历了怎样的变化

起初做抖音的目的和后来有很大不同，我们有几千名会员，开始只希望能让会员们看到我们的作品，然后去转发给身边的人来增加曝光。

最初的计划是，通过 10 条作品拥有 1500 个粉丝，这是第一阶段的目标，当时我的助理压力还很大，毕竟之前并没做过。但没想到的是，我们的第二条作品就直接获得了 15 万粉丝的增长，我还清晰地记得早上见到助理，他非常开心地告诉我说："谢哥，我超额 100 倍完成了任务。"

图 9-2 抖音账号钢铁熊

随后的几条作品，都同样有非常高的粉丝和播放量的增长。而这个时候，我们也改变了做抖音的最初目标，既然抖音有如此大的爆发力，我们是不是能把粉丝做到 100 万？而粉丝增长到 100 万后，我们是不是可以组建一个小团队，把粉丝继续做到 200 万？

这些目标后来都实现了，而粉丝量达到 200 万后，账号开了星图，当时就有很多甲方找过来，而且还非常的密集，这个时候我们也很直观地看到了账号的变现价值。

图 9-3 谢师父账号上热门的第一条作品

现在，我也开了关于新媒体的培训公司，增加了一个全新的板块，并且开始通过直播来推广体育和运动。

图 9-4 谢师父账号涨粉历程

从最初的单纯想通过抖音获得客户做培训，到后来创建新媒体培训公司，这个转变是在半年内发生的，可以说是非常的迅速，新媒体的爆发力一直在出乎我的意料。

3. 反响最好或者说你最喜欢的作品是哪一条

从创作本身来说，我会比较想聊聊《电梯安全》这条作品，谈不上非常喜欢，但这条作品最

图 9-5 谢师父账号作品《电梯安全》

符合我总结的上热门创作的几个关键点。但这条作品涨粉效果却非常的差，我觉得主要原因和作品制造的恐惧情绪有关，情绪的激烈程度往往决定了视频的传播范围，特别是类似恐惧的情绪。制造恐惧情绪确实可以带来很大的传播量，但往往这类型的传播是不积极的，因此，在这个题材上没有继续创作类似的作品。

图 9-6 谢师父账号作品《踢肚子》

从传播力来说《踢肚子》这条作品是目前来说最好的，播放量超过 7000 万，点赞量超过 211 万，留言有 6 万多条，是当天抖音的全网大热门视频。

这条作品能上人热门，在我看来有几个比较关键的原因：

首先，它是一个特别常见的事情，特别是针对孩子群体，就算没遭遇过，身边肯定也有同学或者朋友遭遇过，容易引起普遍的关注。

其次，这是一个非常实用的知识点，一看就会，有很强烈的获得感。过程中，开始是被欺负，但随后小孩反击的动作又特别的帅，整个表达的反转性也很强。

最后，就是自带差异化，我的视频作品中有很多外国小孩，这也是一个非常独特的内容点，这一系列的优势，造就了作品的传播力。

4. 做抖音，你有什么感受和心得可以给大家分享吗

总的来说，创作短视频是一件让我比较开心的事情，不像很多达人经历了很多痛苦。这可能和态度有关，对于创作这件事情，你要投入极大的热情和精力，每天都要为想选题和找创意点绞尽脑汁，这会给你带来压力，但其实也是乐趣所在，这是一个永无止境的过程。有句话是这样说的，做得好不好不重要，认不认真做才重要。

图 9-7 五个作品制作关键技巧

说到方法和心得，我在做短视频的过程中，总结了 5 个关键点。

（1）永远要有用户思维，要清楚你的作品究竟是给谁看的，他们喜欢什么，不喜欢什么，有什么习惯，又会有什么情绪，这些都需要了解。

（2）一定要有用，我们的视频要为用户提供价值，这个价值可以是一个知识点、一个情绪或者一个观点，但一定要有用。

（3）具备情绪，特别是前 3 秒，要释放出足够的情绪信号，是开心的，还是忧伤的，还是恐惧的，往往情绪才是能最快抓住用户注意力的有力武器。

（4）有故事性，人们往往都喜欢看故事而不喜欢看描述，一个没有故事、没有情节的内容，往往也意味着低完播率，不管多短的内容，都要有自己的逻辑框架和故事性。

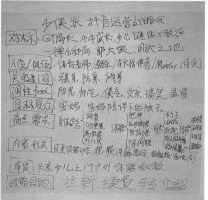

图 9-8 账号定位设计

（5）预设点赞点，每条作品都要设计一个让用户点赞的高潮点。在复盘时，通过数据来了解预设的点赞点是不是有效，有没有打动用户，以此来不断地优化。

对于我们这些有教程特征的视频作品来说，最好的状态就是一看就懂，一学就会，而且只有你做的内容和与你相关的人群有强烈的关系，才有可能上热门。

5. 你怎样看待短视频这个行业，以及未来的趋势

这是一个前景特别好的行业，如今的新媒体已经和前几年的新媒体截然不同了，相关的网络、产品、软件已经基本完善。任何行业都可以在网络上找到与他对应的客户和人群，这里面蕴涵着巨大的增长空间。

图 9-9 账号热门榜

我是从事体育行业的，就我的感受来说，行业、信息、内容这些原本的东西其实都没有改变，拳还是那套拳，动作还是那些动作，方法还是那些方法。但是传递他们的媒介发生了巨大变化，以前是通过电视、计算机来看这些东西，而现在可以用手机通过直播和短视频来看，空间上基本没有什么限制，而且还能和老师直接互动，这就是最大的改变。

以前外行人提到互联网会觉得很虚，而现在的互联网就很具体，你只要做直播，做短视频，就会有人看，就会产生消费和商业，在这种背景下能参与其中就一定会有收获。

采访人：小呆（本书作者）
受访人：谢师父（谢师父账号创作者）

9.2 | 仙女酵母
从普通学生到抖音第一时尚红人

黑峰文化是我 2020 年合作过印象比较深刻的一家 MCN 机构，几个大学生毕业后怀揣着梦想斗志满满地进入自媒体行业，在摸索中不断前进，在 2~3 年的时间里不断做出成绩，并在行业内有了影响力。

这篇专访会围绕抖音账号"仙女酵母"进行展开，为大家分享 MCN 机构是如何打造抖音千万级粉丝账号的。

图 9-10 仙女酵母账号头像

1. 是什么契机让你们决定孵化"仙女酵母"这个 IP

公司从 2018 年开始起步，当时的主要业务是拍摄广告短片，团队很小，人也不多。

那时候也是大家对内容创作最有热情的时期，我们在那个时期，也隐隐约约地预判到了短视频即将爆发的趋势。所以决定入局抖音，但并不是起初就想好要做"仙女酵母"，这其中有一个逐渐变化的过程。

2. 最初做抖音的目标是什么，在这个过程中又经历过怎样的变化

作为机构和公司会更加看重账号的商业定位。所以，往往推导过程不是先想着做什么样的账号，而是先想着入局哪个行业，整个推导过程其实和个人运营账号有很大差别。

我们当时结合自身实际优势和行业经验，优先选择了比较熟悉的时尚美妆领域，而在达人的选择上，我们选择了之前合作过的一位美瞳模特，也就是大家后来看到的"酵母"。"酵母"和我是大学校友，她当时还在高校工作，时间相对自由，而且各方面的条件都特别适合做达人，于是我们就达成了合作。

图 9-11 仙女酵母抖音账号

在那个时期运营账号不像现在，有特别多的方法和技巧，你几乎没有太多参考的样本，什么事情都要自己去摸索。我们在创建账号后的前 3 个月，尝试了情感口播和情感故事等方向，效果都不理想。

在这个过程中，大家逐渐发现"酵母"的气质和谈吐非常适合古风。

于是，我们转变了创作方向，开始打造"仙女酵母"这个人设，而这次我们也终于成功了，看到可行后，我们又很快构想出了"yuko 杣魔镜"、"猫舌张"等"童话镇"账号人设。虽然角色不同，但世界观与架构相同，让这组账号通过内容和角色的联动形成童话矩阵。

图 9-12 仙女酵母账号风格变迁

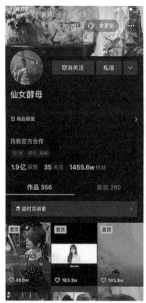

图 9-13 其他矩阵账号

这一系列转变都是在半年内完成的，转变得非常快，这就是公司运营的优势。我们运营账号很看重最初的目的和动机，这也是很多新手需要思考的。

3. 账号是从什么时候开始上热门的

现在看来，在创建账号后的前 2 个月，我们都在试错并不断进行尝试，也是花费精力最大的一段时期。经常会出现，这周觉得终于找到方向了，而下周又全部推翻的现象，这个过程周而复始，在这段时间，账号的粉丝量做到了大概 200 万的体量。

而真正迎来快速增长的时期，是在确定了古风方向之后，不到半年的时间我们的账号粉丝做到了 1000 万，成为领域达人。

这个增长过程给了团队很大的启发，好的人物设定不是演出来的而是天生具备的。我们要做的是发觉她的特征并加以放大，而不是为人物强加一个本来就不适合她的角色或者性格。

图 9-14 仙女酵母账号拍摄场景

4. 你们经历过账号的瓶颈期吗，又是怎样渡过的

不管是什么样的领域什么样的形式，还是什么样的团队，都会经历账号运营的瓶颈期，而我们的瓶颈期来的相对靠后一些。

简单来说，账号运营会经历几个阶段：1 万 ~ 100 万粉丝、100 万 ~ 500 万粉丝、500 万 ~ 1000 万粉丝，每一个阶段的突破，都需要较大的调整和探索性的付出。

我们在从 1000 万粉丝向 1500 万粉丝增长的这段时间里，明显感受到了增长速度在放缓。对于"仙女酵母"来说，增长优势在于标签化的人设，而增长放缓的原因也是这个，想要获得更大粉丝量的增长，就需要去迎合更大范围的用户喜好。

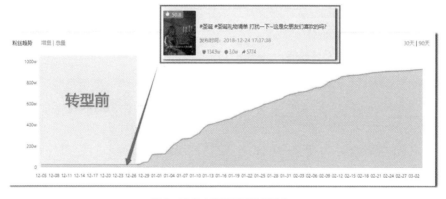

图 9-15 仙女酵母账号数据后台

而我们的一切尝试又不能脱离她的原型人设，改版的幅度也无法做得非常大，稍不留神就会影响到原有的粉丝，这也造成了账号的调整只能落脚在内容上。

在这个阶段，我们的策划换了一批又一批，内容风格和呈现形式也进行了多番尝试与修改，团队的小伙伴们都付出了很多努力，这才逐渐突破了瓶颈期。

5. 对于仙女酵母这个账号来说，反响最好的或者说你最喜欢的作品是哪一条

从商业反响和内容维度综合来说，让我印象比较深刻的是《不管闯了多大的祸，姐妹永远为你撑腰》这一条，我也没想到一条视频，仅仅发布 6 小时就能为品牌带来超过 10 万元的直接销售，而不是单纯的曝光量。

图 9-16 视频《不管闯了多大的祸，姐妹永远为你撑腰》

在抖音你能刷到很多品牌广告类视频，这其中也不乏一些大 V 和头部达人的作品，但你会发现一牵扯到产品宣传视频内容就不好看了，人设就走样了。而这条作品做到了剧情和广告元素的自然融合，并且完全贴合"酵母"的原型人设，老粉丝看完不会觉得突兀，而新粉丝又会对这种表达方式感到新鲜。

小女生特有的姐妹情、聊八卦和急性子的特征，在这条广告视频中都有自然的表达，人物也有联动性的设计，种种铺设让这条作品达到了 139 万的点赞量，超过 3000 万的播放量。

6. 做抖音，你有什么感受和心得，可以分享给大家吗

如果是公司运营账号，商业化一定要优先于一切，先选行业和领域，然后是考虑通过什么方式进行变现（用什么商业模式），最后才是选择什么样的达人，用什么样的形式和内容，和一般人理解的运营账号的思维是相反的。只有这样，才能确保运营的账号有持续性的变现能力，不是先找出镜人，而是先找目标人群。

剩下的就是要考虑团队的运营能力、商务能力以及艺人的管理和考核能力，这也是对一家机构和公司最大的考验，好的点子大家都不缺，但大家都缺的是过硬的执行力。

7. 对于新手做短视频和直播你有什么建议

对新手来说，建议去找一个实现起来不需要太多人力投入的小项目，自己可以独立操作完成的那种。然后，亲自实践，坚持至少 3-6 个月，这其中，不要盲目跟风，最好稳扎稳打，千万不要有一夜暴富的想法，因为你是新手、是门外汉，对新媒体的认识是片面的，你认为简单的事情其实并非如此。

我们见过太多失败的案例了，着急只会让你失败得更快，而不能让你成功。另外，切莫投入太多的拍摄和制作设备。

图 9-17 账号实际拍摄场景

关于直播，无论是做秀场还是做带货，有一个核心点就是要坚持高强度和高频率的播出。所以，我们不建议小白做直播带货，这个过程太辛苦了，如果你真想做直播，可以选择一家公司去做直播，这样更加实际一些。

8.你怎样看待新媒体短视频和直播这个行业，以及未来的趋势

过去的 2020 年，抖音短视频的主要发展重心放在了直播电商，而直播电商对于全行业还是一个崭新领域，各家都在探索。

图 9-18 公司拍摄场景与工作室

疫情过后大家都很焦虑，会对新鲜事物有不切实际的期待，很多行业及品牌方就是被焦虑裹挟着在行动。你做不做？投不投入？着不着急开始？很多品牌方都很盲目，投入了很多，但不见成效。

在直播电商领域比较有前景的其实是这两个方向。

（1）品牌白播

品牌方需要耕种，为自己的品牌赋能造势，这样才能借助直播这个巨大的势能杠杆去带动销售转化。直播带货想要达到真正好的转化，不是单一品牌方或者单一哪个主播就能完成的，不是做个活动，开个直播就可以的，这需要品牌方与主播共同去完成。因此，品牌方要深入参与其中，而不是甩手给一个代理商，去当甩手掌柜，要么你就别做，要做就去深入其中。

（2）直播属性的品牌

一些专门借直播这个风口做起来的品牌。这类品牌目前在直播领域已经出现了不少，他们的打法是各平台种草，建立品牌认知度，不追求转化和销售。然后找机会进入一些有知名度的主播直播间以超低价进行产品销售，等直播结束后再恢复日常价，随后再配合"站内直通车"等付费推广方式获取长尾流量推广。

这类品牌，你会发现：具体到每一天的日销量差距非常大，可能今天看它的日销量非常低，第二天日销量突然翻了几百倍，通过直播这个即时性、强爆发的手段达到盈利目的，当然在

这个过程中，品牌力在价格的杠杆作用下，会被凸显和放大。

以上是值得甲方和新媒体从业者多去思考的。新媒体是一个瞬息万变的行业，每个季度我们都能看到新的变化和改变，而能够确定的是在未来的 3—5 年，一定是属于新媒体的。

所以，不管你是谁，不管你在什么行业，都应该对它有所认知，对它有所了解。

采访人：小呆（本书作者）
受访人：黑棒（黑峰文化 CEO）

9.3 | 商业小纸条
从一名记者到抖音知名知识博主

在众多口播知识类账号中，商业小纸条是我最早关注的，也是我个人比较喜欢的知识类口播达人。

从 2018 年一直到 2021 年，商业小纸条的账号粉丝从 0 增长到了 1400 多万，而且该账号还长期霸占了创业知识类抖音账号的榜首位置。

这篇专访，将主要围绕口播账号的运营经验和内容制作心得来进行展开，希望能对你有所帮助。

图 9-19 条哥账号头像

1. 是什么契机让你成了抖音达人

在 2016 年，我从一名电视台记者变成了一位创业者。公司当时的业务重心主要围绕创业圈展开，包括社群服务、创投活动等相关事务。当时我负责一档音频栏目，叫作《创业找崔磊》，栏目的主要推广渠道在微信，但一直到 2018 年，这档节目的反馈都不太尽如人意。

连载 **创业找崔磊**（乐客独角兽出品）

★ ★ ★ ★ ☆ 9分 🎧 1.32亿

▶ 　　　　　　　 ⬇ 下载　☆ 订阅　⬀ 分享

图 9-20 音频节目《创业找崔磊》

在当时，我关注到了抖音，对于新兴的短视频平台来说，获得流量的难度会不会比厮杀已经进入白热化的微信平台要容易一些？当时抖音平台的知识类达人还并不多，可参考的样本也非常少。我在那个时候做了一个计算，一共 15 秒的长度（当时在抖音平台只能发布 15 秒的视频，拥有 5 万粉丝后，可开设 60 秒权限）如果按照 1 秒 5 个字，15 秒 75 个字来算，能不能讲清楚一件事情，后来发现是可行的。

于是，我就在 2018 年 6 月，发布了我的第一条抖音视频，自此开启了我的抖音达人之路，这条作品至今还能在我的抖音账号被查看。

图 9-21 条哥早期电视节目出镜

2. 最初做抖音的目标是什么，在这个过程中又经历了怎样的变化

最初的想法很简单，就是想在抖音通过知识类短视频，为音频栏目增加影响力。当时的视频只能录 15 秒，所以只能讲一些通俗的内容，例如怎样借钱、怎样推荐自己以及怎样和合作方相处等这样细碎的小知识点。

随着账号粉丝的增长和账号影响力的扩大，我们逐渐发现大量想创业的人并没有那么专业，他们没有能力开发 app，也不需要融资，更不想认识什么投资方，他们只是想做好一件小事，想知道手里的那点钱，怎么花出去才更有效率。

在这个过程中，我们逐渐意识到下沉的粉丝人群需要下沉的内容，高大上的道理需要融入通俗的故事。而挖掘神坛之上那些创业大佬的凡人性格，远比通篇大论讲所谓的方法要重要得多。这种从专业到通俗的观念转变，是我运营账号时最大的变化，而这一切的改变则来源于粉丝们的"教导"。

图 9-22 商业小纸条账号内容风格变迁

这也让原本为推广音频节目启动的抖音账号替代了音频节目本身，并创造了更大的影响力。

3. 你的账号是从什么时候开始上热门的

应该是从第 7 条视频开始的，当时直接涨到了 5 万多的粉丝，运营的时间一共也没超过一周。账号做到一个多月的时候，就已经有 300 万的粉丝体量了，增长速度是比较快的，这也让我们直观地看到了抖音的爆发力。

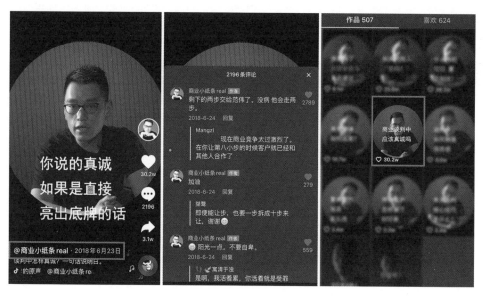

图 9-23 商业小纸条账号第一条热门

4. 你经历过账号的瓶颈期吗，又是怎样渡过的

账号在 2018 年 7 月份已经拥有了 300 万粉丝，但直到 2019 年上半年，账号的粉丝数量都没有太大增长，这个状态持续了半年多，可以说进入了一个非常长的瓶颈期。

所有人到这个时候都会出现被害妄想症，会认为被平台限流了，是平台故意不给你流量，想让你花钱买流量。但其实并不是这样的，抖音是一个内容驱动型平台，它特别希望平台用户能产生更多优质内容，不会出现让你发却不给你流量的状况。既然如此，问题究竟出在哪呢？

如果我们从更大的维度思考，你会发现抖音不是独立存在的，它在整个"互联网江湖"中同样四面楚歌，有着大量的竞争对手。这使得平台为了快速抢占市场和流量，不得不通过新的计划和方案获得长久发展和新的增长。大体来说是这样的，2017 年扶持娱乐内容让平台快速起步；2018 年为了丰富平台内容，大力扶持各类知识型内容；而 2019 年，因为微博（2019 年，微博力推 vlog 内容，并获得流量增长）的竞争压力，开始力推 vlog 内容；2020 年为推广本地生活，大力扶持生活类账号。

当时我一下就开窍了，流量是平台给你分发的，而平台分发流量是有侧重和方向的，那么我把账号内容转型成 vlog，是不是就会出现转机。结果，这次的尝试让我的账号突破了 500 万粉丝的瓶颈。

图 9-24 商业小纸条上热门视频，会员卡主题

vlog 内容制作了半年后，又进入了第二个瓶颈期，当时全平台关于 vlog 的内容已经开始泛滥。这个时候我注意到，平台经常推给我开 15 分钟长视频的权限通知，起初也没太当回事，但后来当我看到"毒舌电影"这类长视频账号出现并且大火后，我就在想，是不是平台又有新的方向性调整了，要推长视频了？

当时正好有一个选题，叫作最会卖会员卡的人，内容特别长，也是想着抱着试试看的态度，就直接做成了长视频。结果，那条视频的播放量特别的高，并且直接增长了十多万的粉丝。

决定做长视频后，为了让内容不枯燥并且有观赏性，我们的每条视频都像是在策划一部《中国合伙人》。讲述创业的传奇故事，虽然都是商界往事，但又在极力创作像电影一样的既视感，通过长视频和电影化故事性的结合，账号终于突破了 1000 万粉丝的总量。

5. 反响最好或者说你最喜欢的作品是哪一条

其实还挺多的，我就主要讲 2 条吧，第一条是机会 我比较有感触的作品，是在 2019 年 9 月份更新的，名字叫作《普通人改变命运的周期大概 8 年一次》。当时用了很多自己的老照片和一些时代的老照片，讲述的是中国经济形势变化的几个时代，在结尾我用了这样一句话作为总结，抱怨是世上最没用的东西，以此来表达我当时创业的一种感受和心境。

图 9-25 视频《普通人改变命运的机会 大概 8 年一次 》

第二条是我在 2020 年 10 月份更新的《中国最牛路边摊是谁》，这条视频在抖音获赞 214 万，而在全网的播放量超过了 1 亿。

这条作品甚至可以被称作我口述演绎创业故事的巅峰之作。主角文宾是长沙小吃"文和友"的老板，他的创业之路就如同《食神》里的周大厨一样，历经坎坷并且五味杂陈。

我在讲述他的过往经历时，借用了《食神》中的一些经典对白和描述，而他本人的创业故事也极具特色，带有普通打工人凭借努力而改变命运的传奇色彩。

图 9-26 视频《中国最牛路边摊是谁》

6. 做抖音你有什么感受和心得，可以给大家分享吗

对我来说，这是一件必须要做的事情，无法停下来。如果要说心得，建议大家不要特别在意单条作品的数据和账号的粉丝总量，这些都是外行人看重的东西，可以说都没那么重要，应该把心思更多地放在如何做出转化，而不是如何做出粉丝量。

当你拥有 10 万粉丝的时候，你就有了自己的筛选池，就已经可以做自己想做的事情了，追求转化率远比追求粉丝量要有意义得多。特别要说的是，大家千万不要有被害妄想症，我经历过很多类似的阶段也见过很多其他账号，平台本身是鼓励内容创作的，你没有流量一定是其他原因造成的，而不是有人故意在限制你。

7. 对于新手做短视频和直播你有什么建议

短视频和直播是两件事，很少有人能够同时擅长这两个领域。先说短视频，对于新手来说一定要重创作轻制作，重创作的意思是指要在构思、选题、文案和借力方面多下功夫，而不要在拍摄设备、道具和制作成本等地方投入太多。

抖音存在的本身就是希望你借助移动设备进行内容制作，它是一个移动端的短视频平台。直到今天，抖音都没有 PC 端的版本，在 PC 端官网只能查看数据和榜单，这就说明了这个产品的定位，就是一个轻制作的移动平台。

对于直播怎样才能把人都留在直播间，让大家都愿意长时间地停留在你这里，这才是要重点研究的事情。

8. 你怎样看待新媒体短视频和直播这个行业，以及未来趋势

短视频和直播会像是之前我们熟悉的品牌官网、微博和公众号一样，刚问世的时候影响力巨大，并且备受期待和关注。但慢慢地，都会成为品牌营销和推广的一个标配，特别是以 C 端用户为主要消费人群的公司来说，这个感受会更加强烈和直接。

所以，对于从业者和想要从业的大多数人来说，摆正心态做好储备，沉下心去参与其中，才能够做得长久并有收获。

采访人：小呆（本书作者）
受访人：条哥（商业小纸条账号创作者）

读 者 服 务

　　读者在阅读本书的过程中如果遇到问题，可以关注"有艺"公众号，通过公众号中的"读者反馈"功能与我们取得联系。此外，通过关注"有艺"公众号，您还可以获取艺术教程、艺术素材、新书资讯、书单推荐、优惠活动等相关信息。

扫一扫关注"有艺"

　　投稿、团购合作：请发邮件至 art@phei.com.cn。